沙尘天气年鉴

2019 年

中国气象局　编

图书在版编目（CIP）数据

沙尘天气年鉴. 2019年 / 中国气象局编. -- 北京 : 气象出版社, 2022.2
ISBN 978-7-5029-7660-6

Ⅰ. ①沙… Ⅱ. ①中… Ⅲ. ①沙尘暴－中国－2019－年鉴 Ⅳ. ①P425.5-54

中国版本图书馆CIP数据核字(2022)第017317号

沙尘天气年鉴 2019 年
Shachen Tianqi Nianjian 2019nian

出版发行：气象出版社
地　　址：北京市海淀区中关村南大街 46 号　**邮政编码**：100081
电　　话：010-68407112（总编室）　010-68408042（发行部）
网　　址：http：//www.qxcbs.com　**E-mail**：qxcbs@cma.gov.cn
责任编辑：陈　红　**终　　审**：吴晓鹏
责任校对：张硕杰　**责任技编**：赵相宁
封面设计：地大彩印设计中心
印　　刷：北京建宏印刷有限公司
开　　本：787 mm×1092 mm　1/16　**印　　张**：5.75
字　　数：147 千字
版　　次：2022 年 2 月第 1 版　**印　　次**：2022 年 2 月第 1 次印刷
定　　价：45.00 元

《沙尘天气年鉴 2019 年》编委会

主　　　　　编：安林昌

副　　主　　编：南　洋　张碧辉

编　写　人　员

国家气象中心：李　明　谢　超　尤　媛

桂海林　张天航　赵彦哲

国家气候中心：杨明珠　竺夏英　艾婉秀

钟海玲

国家卫星气象中心：刘清华　王　新　廖　蜜

前言

沙尘天气是风将地面尘土、沙粒卷入空中，使空气混浊的一种天气现象的统称，是影响我国北方地区的主要灾害性天气之一。强沙尘天气的发生往往给当地人民的生命财产造成巨大损失。

近年来，随着社会、经济的发展，沙尘天气给国民经济、生态环境和社会活动等诸多方面造成的灾害性影响越来越受到我国社会各界和国际上的关注。我国对沙尘天气及其危害非常重视，监测手段的逐渐增多以及沙尘天气研究工作取得的进展，使沙尘天气的预报水平不断地提高，为防御和减轻沙尘天气造成的损失做出了重要贡献。

为了适应沙尘天气科学研究的需要，也为各级气象台站气象业务技术人员提供更充分的沙尘天气信息，更好地掌握沙尘天气活动规律，提高预报准确率，国家气象中心组织整编了《沙尘天气年鉴 2019 年》。年鉴中有关资料承蒙全国各有关省、自治区、直辖市气象局的大力协助和支持，使编写工作得以顺利完成。

《沙尘天气年鉴 2019年》的内容包括对 2019年沙尘天气过程概况的描述和沙尘天气产生的气象条件的分析，全年和逐月沙尘天气时空分布及主要沙尘天气过程相关图表等。

FOREWORD

Sand-dust weather is the phenomenon that wind blows dust and sand from ground into the air and makes it turbid. It's one of the main disastrous weather phenomena influencing northern areas of our country. Great casualties of people's lives and properties occur in these areas because of severe sand-dust weather.

In recent years, with the development of society and economy, the disastrous influence of sand-dust weather on national economy, ecology and social life has become a hot issue in China, even in the world. With more and more attention to sand-dust weather and gradual increment of monitoring ways, the sand-dust weather research has been made and forecast level for this kind of weather has been improved, which contributes a lot to loss mitigation and sand-dust weather prevention.

In order to meet the requirements of sandstorm research, provide more sufficient sand-dust weather information for weather forecasters, National Meteorological Center compiled this *Sand-dust Weather Almanac* 2019. The volume of almanac not only assists us by obtaining further knowledge on the behavior of sandstorm and improving forecast accuracy but provides better service for prevention of sandstorm as well. Thanks for the contribution of sand-dust data from relevant meteorological sections. We own the success of this compilation to the great support of all the meteorological observatories and stations country-wide.

Sand-dust Weather Almanac 2019 covers the annual general situation and meteorological background of sand-dust weather, annual and monthly temporal and spatial distribution charts of different types of sand-dust weather, as well as some charts and tables of main sand-dust weather cases in 2019.

说 明

一、沙尘天气及沙尘天气过程的定义

本年鉴有关沙尘天气及沙尘天气过程的定义执行国家标准 GB/T 20480－2006《沙尘暴天气等级》。

沙尘天气分为浮尘、扬沙、沙尘暴、强沙尘暴和特强沙尘暴五类。

1. 浮尘：当天气条件为无风或平均风速≤3.0 m/s 时，尘沙浮游在空中，使水平能见度小于 10 km 的天气现象。
2. 扬沙：风将地面尘沙吹起，使空气相当混浊，水平能见度在 1～10 km 的天气现象。
3. 沙尘暴：强风将地面尘沙吹起，使空气很混浊，水平能见度小于 1 km 的天气现象。
4. 强沙尘暴：大风将地面尘沙吹起，使空气非常混浊，水平能见度小于 500 m 的天气现象。
5. 特强沙尘暴：狂风将地面尘沙吹起，使空气特别混浊，水平能见度小于 50 m 的天气现象。

沙尘天气过程分为五类：浮尘天气过程、扬沙天气过程、沙尘暴天气过程、强沙尘暴天气过程和特强沙尘暴天气过程。

1. 浮尘天气过程：在同一次天气过程中，相邻 5 个或 5 个以上国家基本（准）站在同一观测时次出现了浮尘的沙尘天气。
2. 扬沙天气过程：在同一次天气过程中，相邻 5 个或 5 个以上国家基本（准）站在同一观测时次出现了扬沙或更强的沙尘天气。
3. 沙尘暴天气过程：在同一次天气过程中，相邻 3 个或 3 个以上国家基本（准）站在同一观测时次出现了沙尘暴或更强的沙尘天气。
4. 强沙尘暴天气过程：在同一次天气过程中，相邻 3 个或 3 个以上国家基本（准）站在同一观测时次成片出现了强沙尘暴或特强沙尘暴天气。
5. 特强沙尘暴天气过程：在同一次天气过程中，相邻 3 个或 3 个以上国家基本（准）站在同一观测时次出现了特强沙尘暴的沙尘天气。

为了同往年《沙尘天气年鉴》统一，依照中国气象局《沙尘天气预警业务服务暂行规定（修订)》(气发〔2003〕12 号)，本年鉴只统计和分析浮尘、扬沙、沙尘暴和强沙尘暴四类沙尘天气以及扬沙天气过程、沙尘暴天气过程和强沙尘暴天气过程三类沙尘天气过程。

二、资料与统计方法

2019 年沙尘天气日数和站数、沙尘天气过程和强度等是逐日 8 个时次（时界：北京时 00 时）地面观测资料的统计结果。

具体统计方法如下：

1. 对测站沙尘日、扬沙日、沙尘暴日、强沙尘暴日的规定：

(1) 某测站一日8个时次只要有一个时次出现沙尘天气，则该站记有一个沙尘日；

(2) 某测站一日8个时次只要有一个时次出现了扬沙、沙尘暴或强沙尘暴，记有一个扬沙日；

(3) 某测站一日8个时次只要有一个时次出现沙尘暴或强沙尘暴，记有一个沙尘暴日；

(4) 某测站一日8个时次只要有一个时次出现强沙尘暴，记有一个强沙尘暴日。

2. 对某一天沙尘天气、扬沙、沙尘暴、强沙尘暴站数的规定：

(1) 某一天出现沙尘天气站数的总和为该日的沙尘天气站数；

(2) 某一天出现扬沙、沙尘暴及强沙尘暴站数的总和为该日的扬沙站数；

(3) 某一天出现沙尘暴及强沙尘暴站数的总和为该日的沙尘暴站数；

(4) 某一天出现强沙尘暴站数的总和为该日的强沙尘暴站数。

3. 对某一统计时段内沙尘天气总站日数的规定：

(1) 统计时段内逐日沙尘天气站数的总和为该时段的沙尘天气总站日数；

(2) 统计时段内逐日扬沙站数的总和为该时段的扬沙总站日数；

(3) 统计时段内逐日沙尘暴站数的总和为该时段的沙尘暴总站日数；

(4) 统计时段内逐日强沙尘暴站数的总和为该时段强沙尘暴总站日数。

三、沙尘天气过程编号标准

国家气象中心对每年移入或发生在我国范围内的扬沙、沙尘暴、强沙尘暴天气过程按照其出现的先后次序进行编号，编号用6位数码，前四位数码表示年份，后两位数码表示出现的先后次序。例如：2019年出现的第5次沙尘天气过程应编为“201905”。

四、沙尘天气过程纪要表内容

沙尘天气过程纪要表包括该年出现的所有扬沙、沙尘暴和强沙尘暴天气过程，其相关内容包括：沙尘天气过程编号、起止时间、过程类型、主要影响系统、扬沙和沙尘暴影响范围和风力。其中主要影响系统是指引起沙尘天气的地面天气尺度的天气系统，主要包括冷锋、气旋、低气压。冷锋是冷气团占主导地位推动暖气团移动的冷、暖空气过渡带，锋后常伴有大风。蒙古气旋产生于蒙古国或我国内蒙古，它由两到三种冷、暖气团交汇而成，通常从气旋中心往外有冷锋、暖锋或锢囚锋生成，气旋发展强烈时常出现大风。低气压是指中心气压低于四周并具有闭合等压线的天气系统。

五、年及各月沙尘天气日数分布图

年及各月沙尘天气日数分布图包括年及各月沙尘天气出现日数分布图、扬沙天气出现日数分布图、沙尘暴天气出现日数分布图和强沙尘暴天气出现日数分布图。

六、沙尘天气过程图表

沙尘天气过程图表包括沙尘天气过程描述表、沙尘天气范围图、500 hPa环流形势图、地面天气形势图及气象卫星监测图像等。沙尘天气过程描述表中的最大风速是从该次沙尘天气过程中所有出现沙尘天气站点的定时观测中统计出来的最大风速。500 hPa环流形势图、地面天气形势图的选用原则是能充分反映造成该次沙尘天气过程的环流形势及影响系统，图中 G（D）表示高（低）气压中心。

七、沙尘天气路径划分标准

沙尘天气路径分为偏北路径型、偏西路径型、西北路径型、南疆盆地型和局地型五类。

1. 偏北路径型：沙尘天气起源于蒙古国或我国东北地区西部，受偏北气流引导，沙尘主体自北向南移动，主要影响我国西北地区东部、华北大部和东北地区南部，有时还会影响到黄淮等地；
2. 偏西路径型：沙尘天气起源于蒙古国、我国内蒙古西部或新疆南部，受偏西气流引导，沙尘主体向偏东方向移动，主要影响我国西北、华北，有时还影响到东北地区西部和南部；
3. 西北路径型：沙尘天气一般起源于蒙古国或我国内蒙古西部，受西北气流引导，沙尘主体自西北向东南方向移动，或先向东南方向移动，而后随气旋收缩北上转向东北方向移动，主要影响我国西北和华北，甚至还会影响到黄淮、江淮等地；
4. 南疆盆地型：沙尘天气起源于新疆南部，并主要影响该地区；
5. 局地型：局部地区有沙尘天气出现，但沙尘主体没有明显的移动。

目 录

1　2019年沙尘天气概况

1.1　沙尘天气过程

2019 年全国共出现了 15 次沙尘天气过程：扬沙天气过程 10 次、沙尘暴天气过程 4 次，强沙尘暴天气过程 1 次，其中有 11 次沙尘天气过程发生在春季。15 次沙尘天气过程中偏西路径型 4 次，西北路径型 5 次，偏北路径型 3 次，南疆盆地型 3 次。首次发生的沙尘天气过程为 2019 年 3 月 19—24 日的强沙尘暴天气过程，末次是 11 月 17—18 日的扬沙天气过程。2019 年强度最强的沙尘天气过程是 3 月 19—24 日的强沙尘暴天气过程，新疆南疆盆地、内蒙古中西部、甘肃北部、青海西北部等地出现扬沙和浮尘天气，新疆南疆盆地的部分地区出现强沙尘暴。2019 年影响范围最大的沙尘天气过程是 10 月 27—30 日的扬沙天气过程，沙尘天气影响了西北地区东部、华北、黄淮、江淮北部等地。2019 年影响新疆南疆盆地的沙尘暴天气过程有 3 次，较常年次数偏多，强度偏强。

1.2　沙尘天气日数

2019 年我国西北地区、内蒙古、华北地区、东北地区和黄淮的大部分地区以及江淮、江南北部和西藏等地的部分地区都出现了沙尘天气（图 1.1）。有两个沙尘天气出现日数超过 10 天的多发区，一个位于新疆南疆盆地和青海西北部，沙尘天气出现日数一般达 10 ～ 100 天，其中新疆南疆盆地的且末（121 天）、塔中（117 天）、于田（116 天）、民丰（111 天）、和田（100 天）五站沙尘天气出现日数超过 100 天（含 100 天）；另一个多发区位于内蒙古西部、甘肃中西部和宁夏的部分地区，沙尘天气出现日数一般为 10 ～ 24 天，内蒙古西部局地超过了 50 天。扬沙天气主要出现在我国西北地区、内蒙古、东北地区中部以及华北和西藏的部分地区（图 1.2）。扬沙天气也存在两个多发区，位置与沙尘天气基本相同，出现日数一般为 10 ～ 24 天，其中新疆南疆盆地南部可达 25 ～ 52 天。沙尘暴天气出现的区域较扬沙天气明显缩小（图 1.3），主要分布在新疆南疆盆地、青海西北部、内蒙古西部和北部，出现日数一般为 1 ～ 4 天，新疆南疆盆地南部的部分地区超过 10 天，其中且末站和民丰站最多，均为 16 天。强沙尘暴天气主要出现在新疆南疆盆地，青海北部和内蒙古中西部的部分地区，出现日数一般为 1 ～ 2 天，新疆南疆盆地南部局地达到 5 天或以上（图 1.4），其中且末站最多，达到 6 天。

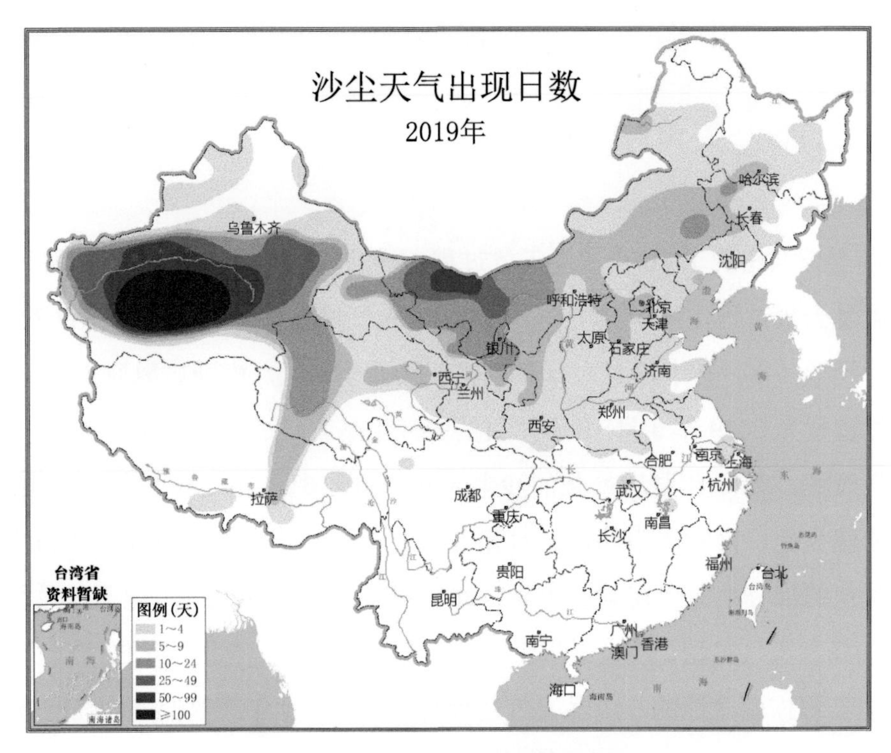

图1.1　2019年沙尘天气日数分布图

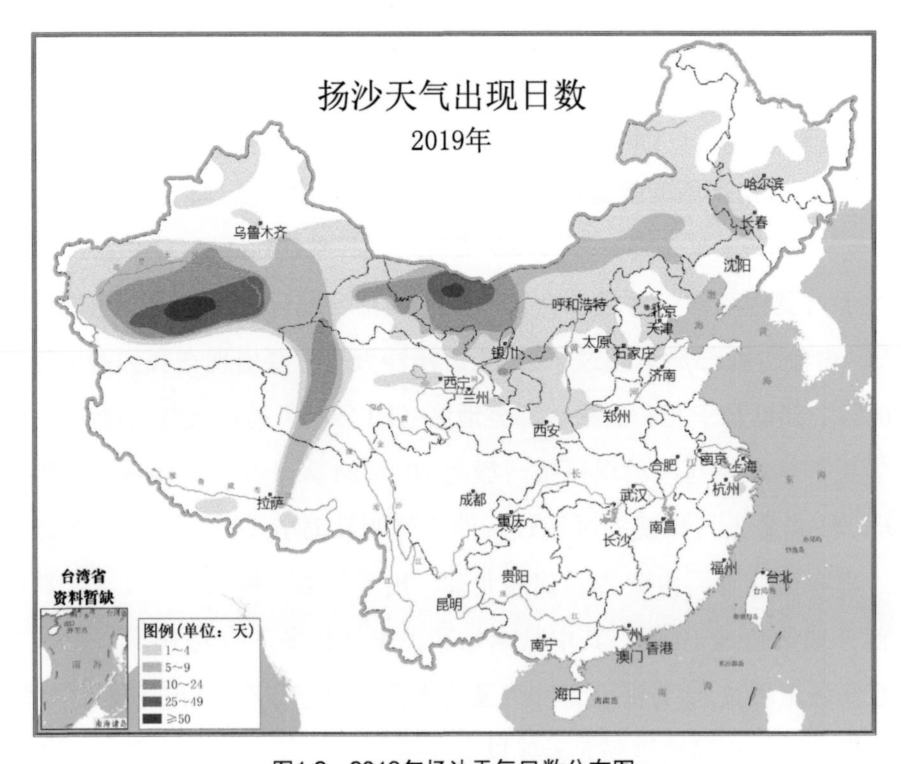

图1.2　2019年扬沙天气日数分布图

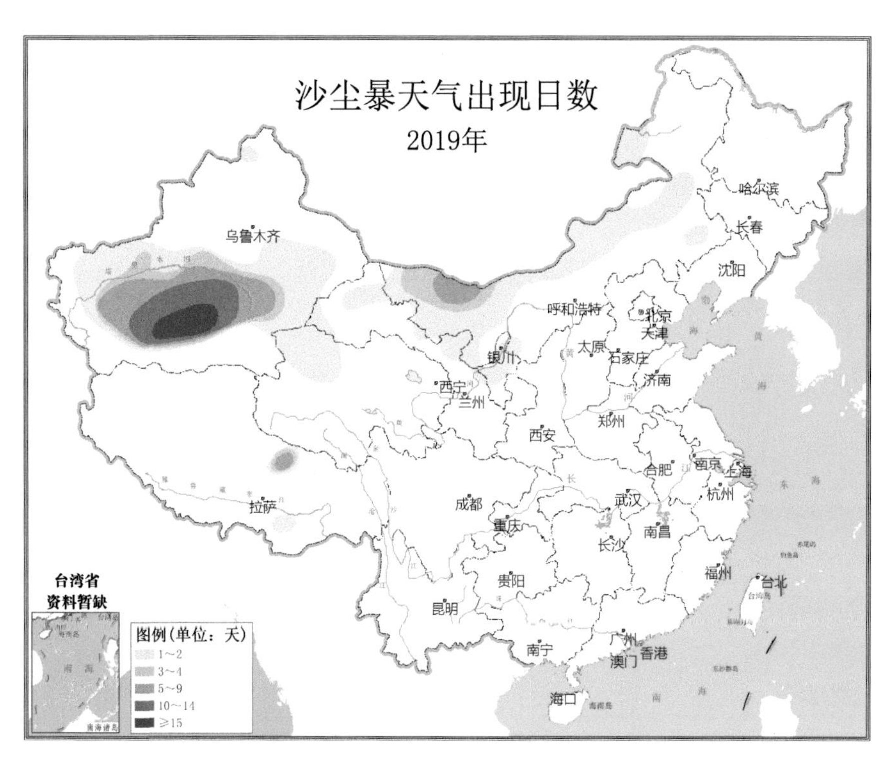

图1.3　2019年沙尘暴天气日数分布图

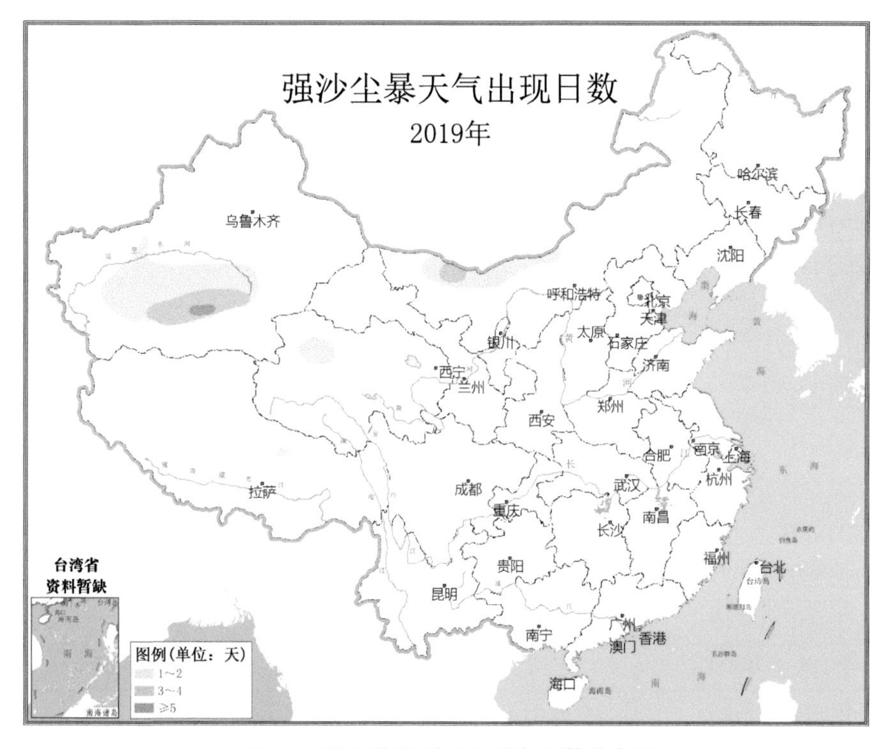

图1.4　2019年强沙尘暴天气日数分布图

1.3 2019年春季（3—5月）沙尘天气主要特点

（1）春季沙尘过程次数较前10年同期略偏多；前春发生少，后春发生较多

2019年春季，我国共出现11次沙尘天气过程，较同期气候值（17.2次）偏少，略多于近10年春季平均（8.8次）。11次沙尘天气过程中，7次扬沙天气过程，多于近10年春季平均（5.7次）；3次沙尘暴过程和1次强沙尘暴过程，与近10年同期（分别为2.1次和1次）相比分别偏多0.9次和持平，较2000—2018年同期平均（分别为4次和1.5次）偏少，较2018年同期（各1次）分别偏多和持平（表1.1）。

表1.1 2000—2019年春季我国沙尘天气过程统计 （单位：次）

年份	扬沙天气过程	沙尘暴天气过程	强沙尘暴天气过程	总沙尘天气过程
2000年	7	7	2	16
2001年	5	10	3	18
2002年	1	7	4	12
2003年	5	2	0	7
2004年	9	5	1	15
2005年	5	2	1	8
2006年	6	6	5	17
2007年	5	8	1	14
2008年	1	8	1	10
2009年	2	5	0	7
2010年	8	6	1	15
2011年	5	1	2	8
2012年	4	2	2	8
2013年	5	1	0	6
2014年	4	1	2	7
2015年	10	1	1	12
2016年	6	2	1	9
2017年	5	1	0	6
2018年	8	1	1	10
2019年	7	3	1	11
2009—2018年平均	5.7	2.1	1	8.8
2000—2018年平均	5.3	4.0	1.5	10.8
常年平均（1981—2010年）	/	/	/	17.2

2019 年春季沙尘天气过程具有前春发生较少而后春发生较多的特点（表 1.2）：3 月出现了 1 次沙尘天气过程，较 2000—2018 年同期平均（3.8 次）偏少 2.8 次，与 2005 年并列为 2000 年以来第二少年，北方大部分站点的沙尘日数也较近 5 年偏少；但随着冷空气活动增多，4 月发生了 5 次沙尘天气过程，略多于 2000—2018 年同期平均（4.5 次），东北地区和华北中南部的沙尘天气过程较近 5 年略偏多，其余地区仍偏少；5 月沙尘天气过程数为 5 次，远多于近 10 年平均（1.9 次），较 2000—2018 年同期平均（2.8 次）偏多 2.2 次，北方大部分区域的沙尘天气日数也高于近 5 年平均值，特别在新疆南疆盆地东部、内蒙古西部等地偏高 5 ～ 10 天。

表 1.2　2000—2019 年春季及我国各月沙尘天气过程次数统计　　　（单位：次）

时间	3月	4月	5月	总计
2000年	3	8	5	16
2001年	7	8	3	18
2002年	6	6	0	12
2003年	0	4	3	7
2004年	7	4	4	15
2005年	1	6	2	9
2006年	5	7	6	18
2007年	5	4	6	15
2008年	4	2	4	10
2009年	3	3	1	7
2010年	8	5	3	16
2011年	3	4	1	8
2012年	2	6	2	10
2013年	3	2	1	6
2014年	2	3	2	7
2015年	5	3	3	11
2016年	3	3	2	8
2017年	2	2	2	6
2018年	3	5	2	10
2019年	1	5	5	11
2000—2018年平均	3.8	4.5	2.8	11.1

（2）沙尘天气日数较前10年偏多，范围偏小

2019年春季，我国出现沙尘和扬沙天气的总站数分别为226个和158个，分别较前10年（2009—2018年）平均值（216个和162个）偏多4.5%和偏少2.6%，均低于2018年，说明2019年沙尘天气出现的范围比2018年小，与近20年（2000—2019年）平均值相比分别偏少6.3%和9.6%。出现沙尘暴和强沙尘暴天气的总站数分别为46个和12个，依次较前10年（2009—2018年）平均值分别（43个和15个）偏多7.7%和偏少21.1%。其中，沙尘暴和强沙尘暴天气出现的站数分别为近20年（2000—2019年）平均值（58个和22个）少20.3%和少45.6%，强沙尘暴出现的站数为近20年（2000—2019年）第三少（图1.5）。表明2019年春季全国出现沙尘和扬沙天气的范围轻微偏小，同时沙尘暴和强沙尘暴天气的范围也显著偏小。

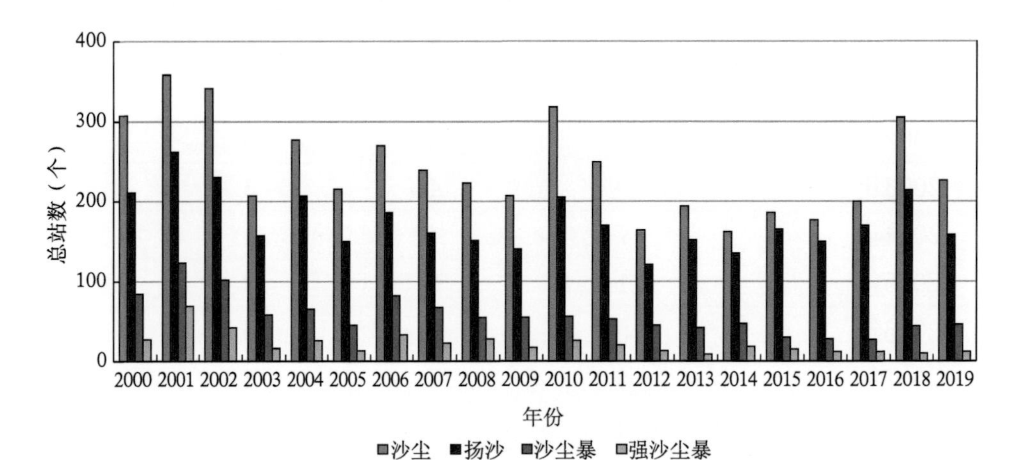

图1.5 2000—2019年春季全国沙尘天气总站数逐年变化

2019年春季，全国累计出现的沙尘和扬沙天气的总站日数分别为1111站·天和507站·天，分别较前10年（2009—2018年）同期平均值偏少13.4%和13.7%，比2018年(2164站·天和827站·天)也分别显著偏少48.7%和38.7%;与近20年(2000—2019年）同期平均值相比分别偏少24.6%和27.7%。沙尘暴和强沙尘暴天气的总站日数分别为88站·天和15站·天,较前10年(2009—2018年)同期平均值分别偏少1.9%和40.0%，比2018年（106站·天和14站·天）也分别显著偏少和持平。沙尘暴和强沙尘暴天气的总站日数分别较近20年（2000—2019年）同期平均（140站·天和39站·天）偏少37.1%和偏少61.0%；强沙尘暴天气的总站日数与2005年和2013年并列为近20年（2000—2019年）第二少，仅多于2018年的14站·天（图1.6）。

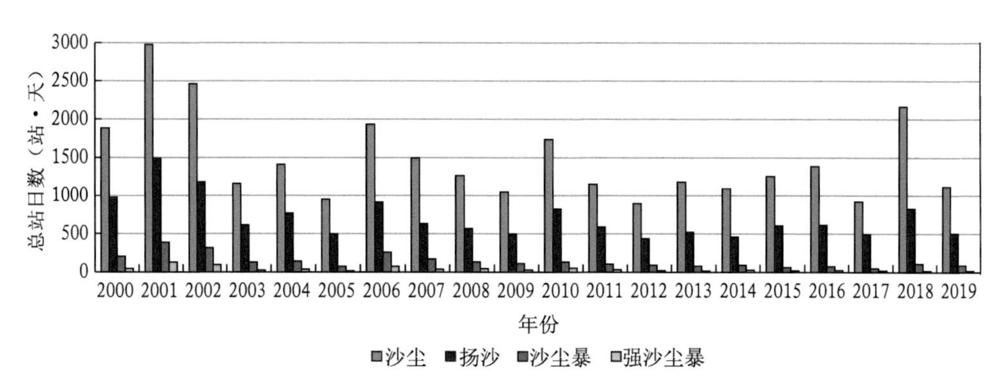

图1.6　2000—2019年春季全国沙尘天气总站日数逐年变化

2019 年春季，我国北方地区平均沙尘日数为 5.4 天，较常年同期（8.2 天）偏少 2.8 天，接近 2000—2018 年同期平均（5.7 天）和 2018 年同期（5.5 天，图 1.7）。平均沙尘暴日数为 0.44 天，分别比常年同期（1.19 天）和 2000—2018 年同期（0.69 天）偏少 0.75 天和 0.25 天（图 1.8），强度总体偏弱。

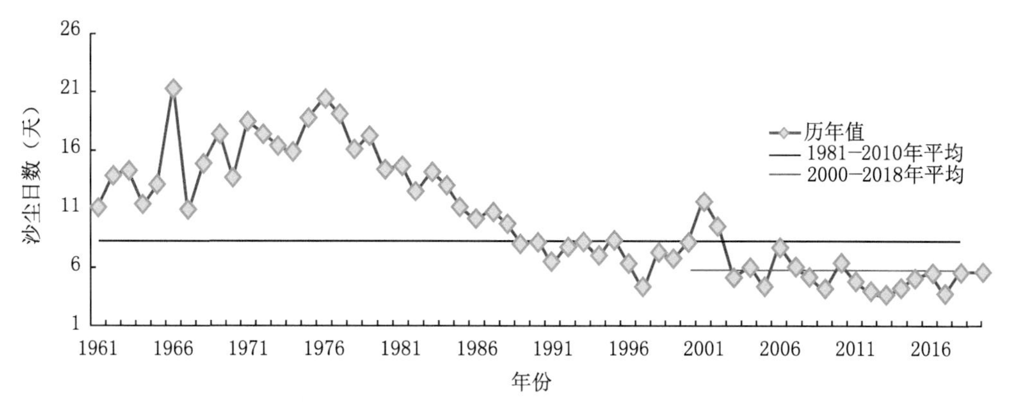

图1.7　1961—2019年春季中国北方沙尘（浮尘及以上强度）日数历年变化

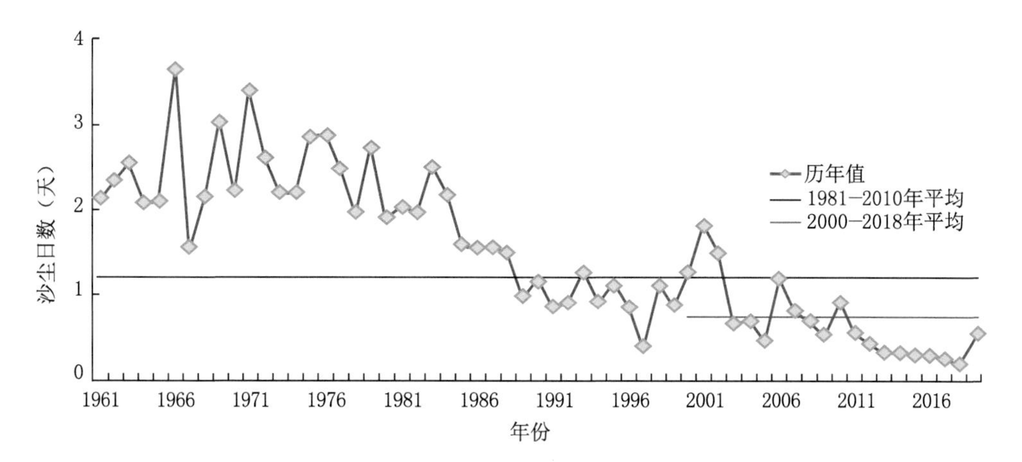

图1.8　1961—2019年春季中国北方沙尘暴及以上强度沙尘日数历年变化

（3）西北地区东部和东北地区沙尘天气增多，其余地区减少

2019 年春季，我国北方大部分地区都受到了沙尘天气的影响，西北地区东部、东北地区的沙尘天气较往年增多，其余地区减少。新疆南疆盆地、内蒙古西部等地的沙尘日数较多，达到 11 ～ 40 天，新疆北部、青海西北部、甘肃中西部、宁夏东北地区西部等地沙尘日数为 5 ～ 10 天，京津冀及其余地区为 1 ～ 4 天。新疆南疆盆地的春季沙尘天气日数较近 5 年（2015—2019 年）同期减少 10 ～ 28 天，青海北部、甘肃中西部、内蒙古中部、山西等地的春季沙尘天气日数较近 5 年同期减少 5 ～ 10 天。内蒙古西部的部分地区发生沙尘日数较近 5 年同期增加 5 ～ 18 天，甘肃东部、宁夏、陕西南部、内蒙古东部、黑龙江南部、北京、河北中部等地沙尘日数较近 5 年同期增加 1 ～ 5 天（图 1.9）。

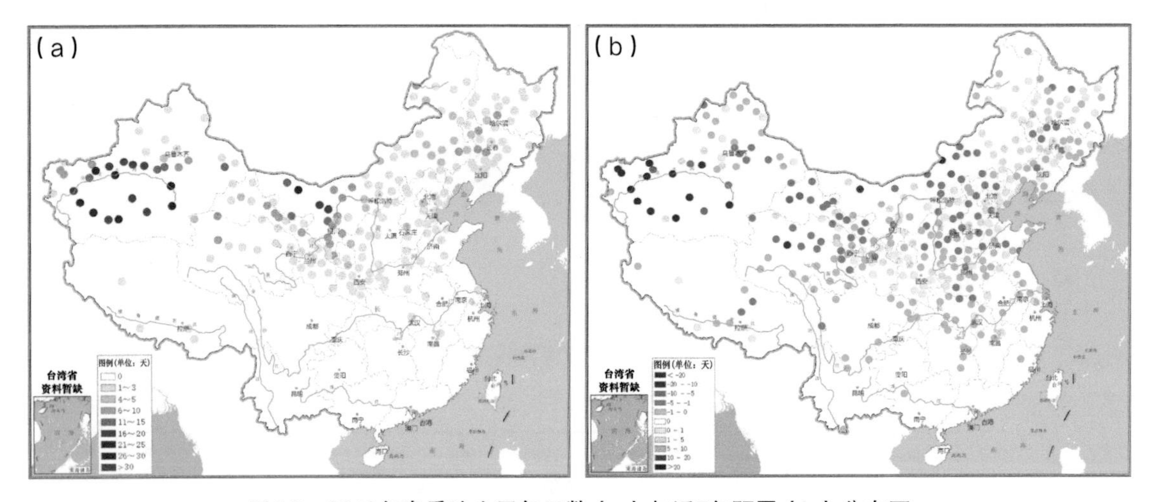

图1.9 2019年春季沙尘天气日数（a）与近5年距平（b）分布图

3 月份，我国北方大部分地区沙尘天气日数较近 5 年（2015—2019 年）平均偏少，新疆南疆盆地和内蒙古西部等地偏少 10 天以上，其余大部地区也都偏少 1 ～ 2 天。4 月份，新疆南疆盆地、青海大部、宁夏、内蒙古中部、陕西、山西、河南等地沙尘天气日数较近 5 年平均依然偏少，但内蒙古东部、黑龙江南部、吉林、辽宁、北京、河北等地沙尘日数偏多 1 ～ 3 天。5 月份沙尘天气日数较近 5 年平均均偏多的区域明显增加，新疆南疆盆地东部、青海西部、内蒙古大部、甘肃大部、宁夏、陕西、山西北部、河北中部、北京等地均偏多，其中新疆南疆盆地东南部和内蒙古西部的部分地区偏多 5 ～ 10 天；而新疆北部和南疆盆地西部、青海中东部、山西南部、山东西部、吉林、辽宁等地偏少（图 1.10）。

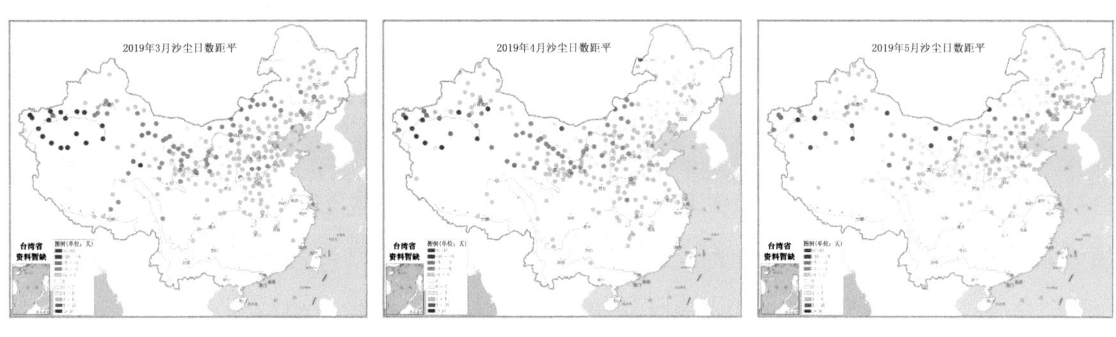

图1.10　2019年3—5月全国沙尘天气日数近5年距平分布图

（4）沙尘首发时间较常年明显偏晚

2019 年我国首次沙尘天气过程发生时间为 3 月 19 日，与 2014 年并列为 2000 年以来第二晚，仅早于 2012 年（3 月 20 日）；较 2000—2018 年平均首次过程时间（2 月 17 日）偏晚 30 天，较 2018 年（2 月 8 日）偏晚 39 天（图 1.11）。

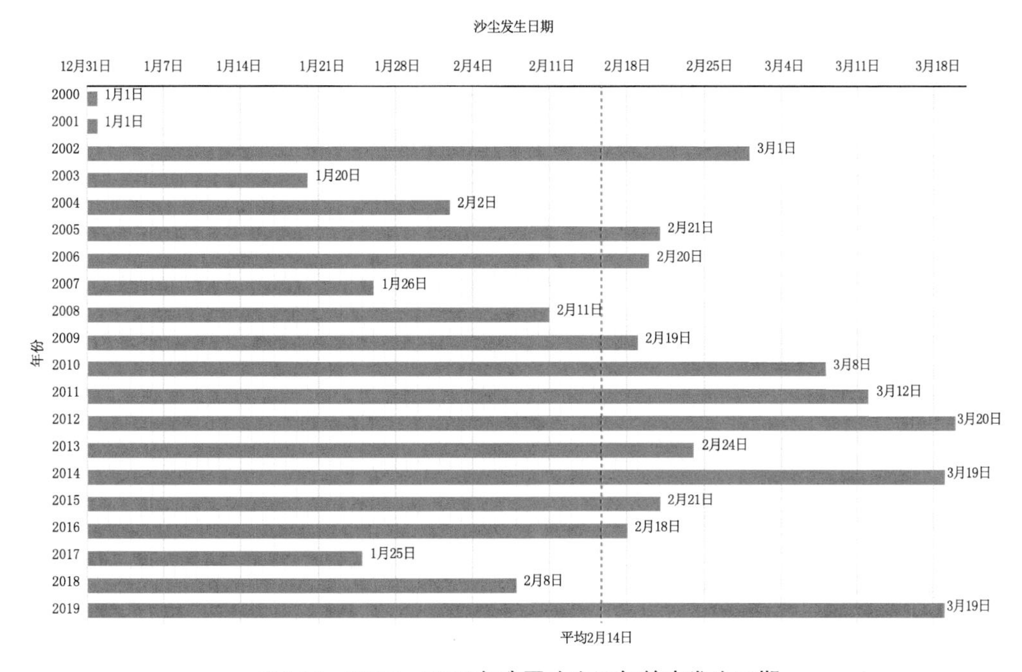

图1.11　2000—2019年我国沙尘天气首次发生日期

1.4　2019年春季严重沙尘天气过程影响

2019 年强度最强影响最大的沙尘天气过程是 3 月 19—24 日的强沙尘暴天气过程，新疆南疆盆地、内蒙古中西部、甘肃北部、青海西北部等地出现扬沙或浮尘天气，新疆南疆盆地的部分地区出现强沙尘暴。受沙尘天气的影响，20 日新疆维吾尔自治区和田机场取消航班26架次。21日取消航班9架次。4月4—5日，新疆南疆盆地、内蒙古中东部、辽宁、吉林、山东、河北、北京、天津等地的部分地区出现扬沙。此次沙尘天气过程受影响的土地面积约85.5万平方千米，人口约9192万，耕地面积约1140万公顷，草地面积约3319万公顷。此次沙尘天气发生在初春季节，受影响地区的农事活动尚未开展，因而对农、林、牧业生产影响不大，但沙尘发生时对上述地区民航、公路运输影响较大，同时空气质量下降，影响人民群众的日常生活。

2 2019年北方沙尘天气偏少的成因分析

2019 年春季我国北方沙尘天气偏少、强度偏弱的主要原因是：(1) 2018 年生长季主要沙源区降水偏多，地表状况有利于抑制 2019 年春季沙尘天气的发生；(2) 春季北方环流系统不活跃，尤其在春季前期盛行纬向型环流，冷空气活动偏弱，沙尘天气发生的传输动力偏弱。

2.1 2018年夏季主要沙源区降水偏多，植被生长状况总体较好

2018 年夏季，除新疆中部和北部、东北地区西北部局部和内蒙古东北部局部外，北方地区降水量总体偏多，西北地区大部、华北地区西部和北部、内蒙古中部降水较常年同期偏多 2 成以上，其中西北地区大部、内蒙古中部和西部偏多 5 成以上，局部偏多 1 倍（图 2. 1a）。除了中国北部的主要沙源区外，蒙古国大部地区降水也较常年同期偏多 2 成以上（图 2. 1b）。近些年来，国家不断加大生态保护修复力度，加之北方地区降水量呈增多的趋势，主要沙尘源区植被状况稳定向好。2018 年生长季我国北方大部和蒙古国南部植被生长状况较 2017 年和近 10 年平均（2008—2017 年）均偏好（图 2. 2），这对于 2019 年沙尘多发期起沙具有很好的抑制作用。

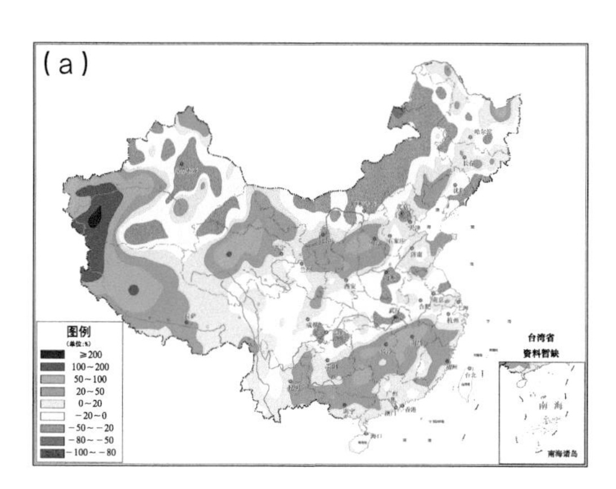

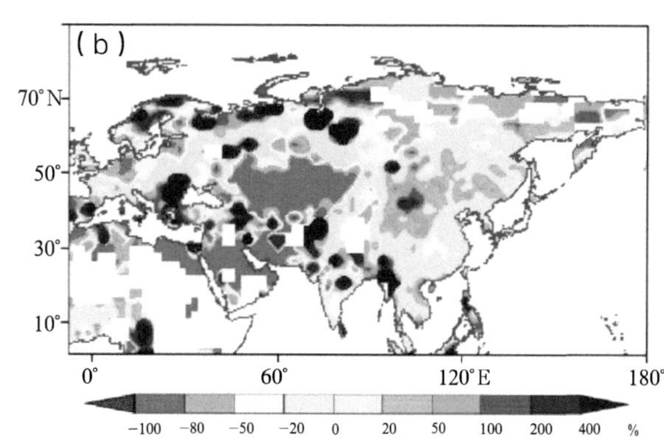

图2.1 2018年夏季中国（a）和欧亚（b）降水距平百分率分布图

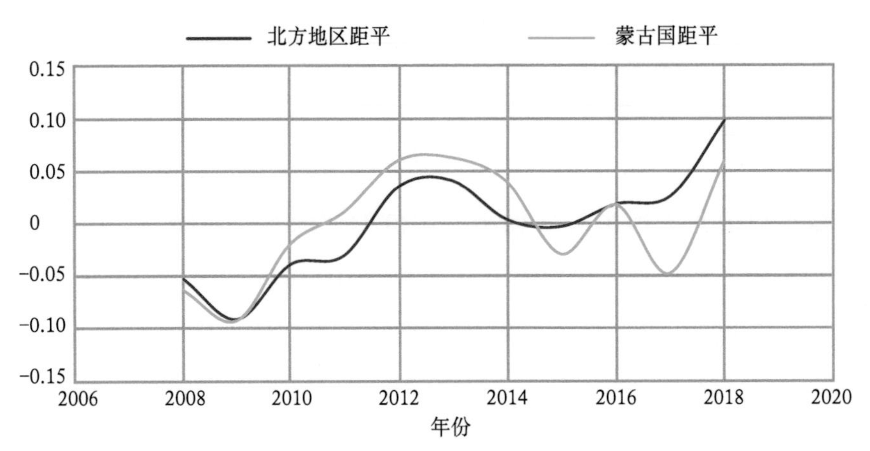

图2.2　中国北方地区与蒙古国植被长势距平序列（国家林草局提供）

2.2　动力输送条件偏弱

从春季平均的欧亚纬向环流指数标准化序列来看（图 2.3），2019 年偏正，为 0.98，表明欧亚地区以纬向型环流为主，但 2019 年的纬向环流特征远不如 2018 年同期显著。由 2019 年春季平均 500 hPa 位势高度场分布来看（图 2.4），欧亚中高纬度地区至鄂霍次克海地区位势高度距平场显示出“－＋－”的分布特征，乌拉尔山为负高度距平控制，贝加尔湖及以东、以南的东亚、东北亚地区为正高度距平控制，其中我国内蒙古东部至东北地区南部为显著的位势高度正距平中心，高度场显示出平直的纬向环流特征。在这种环流分布下，冷空气活动偏弱，2019 年春季我国平均气温较常年同期偏高了 1.1 ℃（图 2.5），但较 2018 年同期偏低。由气温距平分布来看（图 2.6），我国大部地区气温均较常年同期偏高，北方大部偏高 1 ～ 2 ℃。沙尘传输的动力显著偏弱，这是导致 2019 年春季沙尘总体偏少的另一个重要因素。

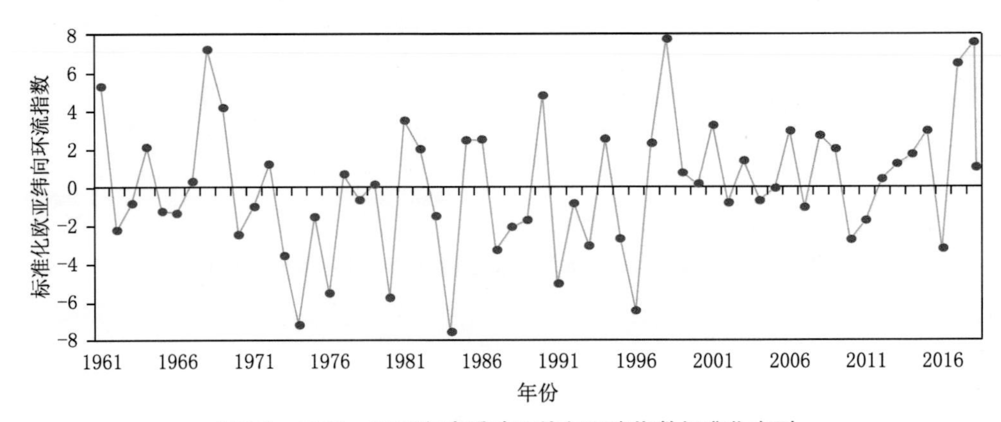

图2.3　1961—2019年春季欧亚纬向环流指数标准化序列
（平均值大于0表明以纬向环流为主，反之，表明以经向环流为主）

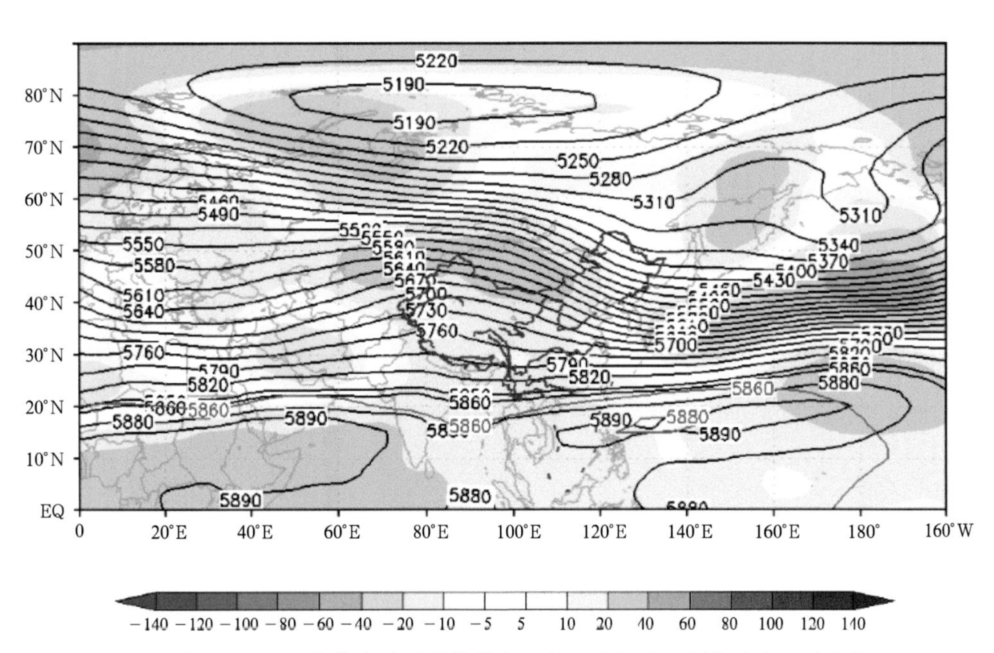

图2.4　2019年春季500 hPa位势高度（等值线）及其距平场（阴影）分布图（单位：gpm）

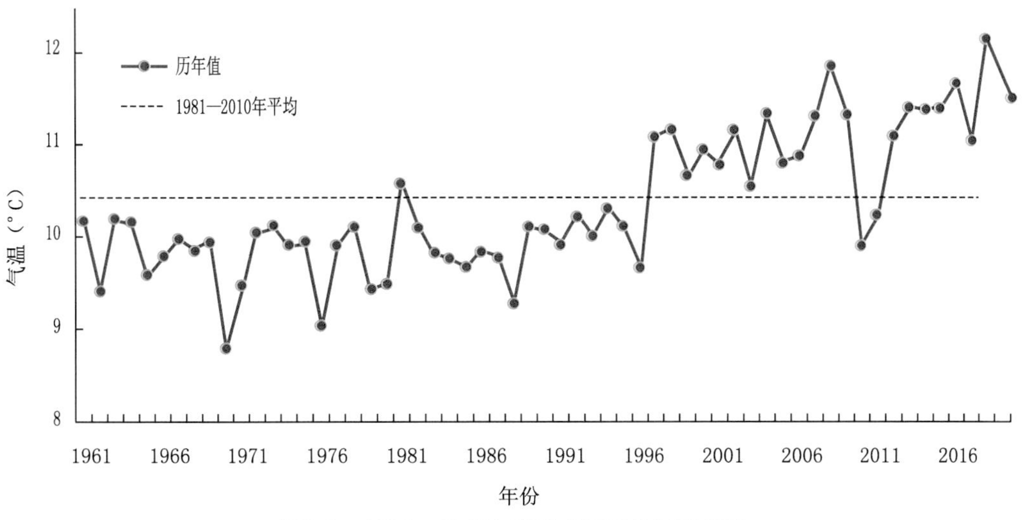

图2.5　1961—2019年春季全国平均气温序列

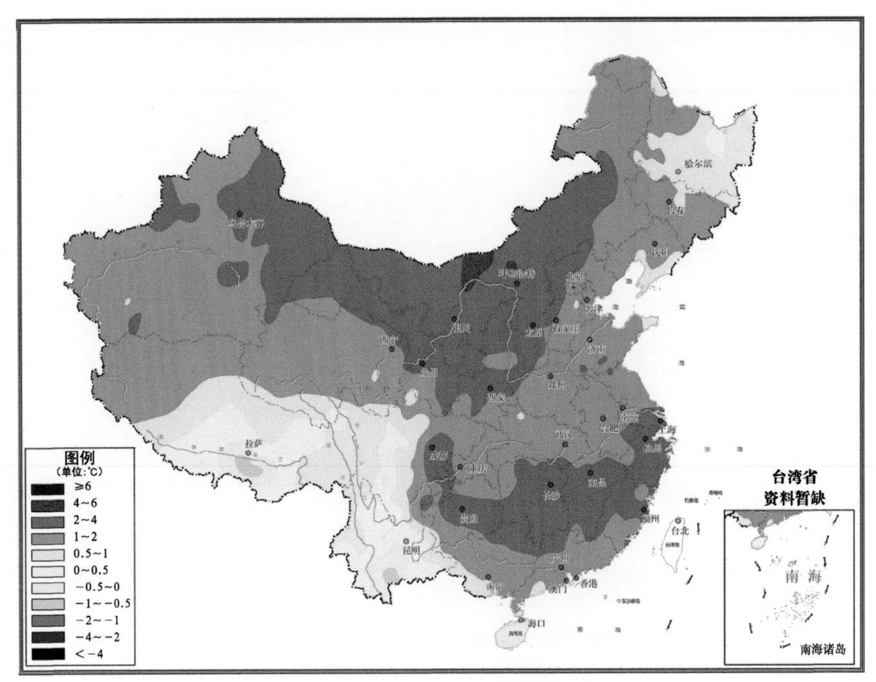

图2.6 2019年春季全国平均气温距平分布图

2.3 沙尘天气前春发生少、后春发生多的成因分析

2019 年春季，我国北方沙尘天气的显著特征之一是前期少，后期多；无论是在范围还是在强度上，沙尘天气的影响均表现出春季后期较大、前期较小。3 月冷空气偏弱，5 月冷空气活动增多。2019 年春季以来，全国共出现了 6 次冷空气过程，3 月我国北方及亚洲中高纬地区为正位势高度距平控制，不利于冷空气影响我国北方地区，冷空气过程（1 次）明显少于近 10 年平均（2.7 次）。因此 3 月沙尘天气过程明显偏少，且首次出现大范围沙尘天气过程时间明显偏晚。4—5 月，环流形势调整，极涡和中高纬地区冷空气势力增强、活动增多，冷空气过程较 3 月明显增多，分别为 2 次和 3 次，与近 10 年平均（分别为 2.2 次和 1.6 次）相比呈现基本持平或偏多的趋势。5 月冷空气活动偏多导致沙尘天气显著偏多。

进一步分析显示，尽管 2019 年春季平均欧亚地区以纬向环流为主，但从各月来看，环流发生了较大的转变，3 月（图 2.7a）和 4 月（图 2.7b），贝加尔湖至我国北方上空均为正高度距平控制，不利于冷空气南下对我国造成影响，3 月（2.8a）和 4 月（图 2.8b）的全国平均气温分别较常年同期偏高偏高了 1.5 ℃和 1.8 ℃。从全国气温空间分布来看，3 月（图 2.9a）和 4 月（图 2.9b），大部地区气温偏高，尤其是北方地区偏高明显。5 月份，环流发生了明显转变（图 2.7c），从乌拉尔山—贝加尔湖—鄂霍次克海位势高度距平呈现出“+−+”的分布，我国新疆、西北地区为负高度距平控制，这种环流型有利于北方冷空气频繁发生并对我国造成影响。从全国平均气温来看，5 月气温接近常年同期（图 2.8c），但从空间分布来看，我国北方的中西部地区、中部地区、西南东部和华南大部地区气温偏低，新疆中部和北部、内蒙古西部、西北地区北部气温偏低 1 ～ 2 ℃（图 2.9c）。因此，2019 年前期和中期我国北方沙尘天气偏少、5 月北方沙尘天气偏多，强度较强，主要是由于欧亚环流发生了转变，冷空气活动频繁，沙尘起沙和输送的动力偏强造成的。

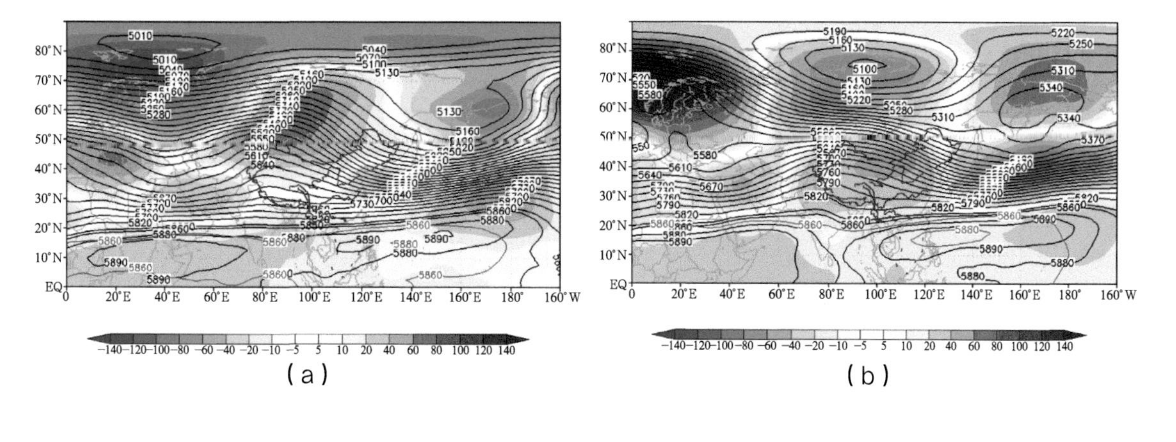

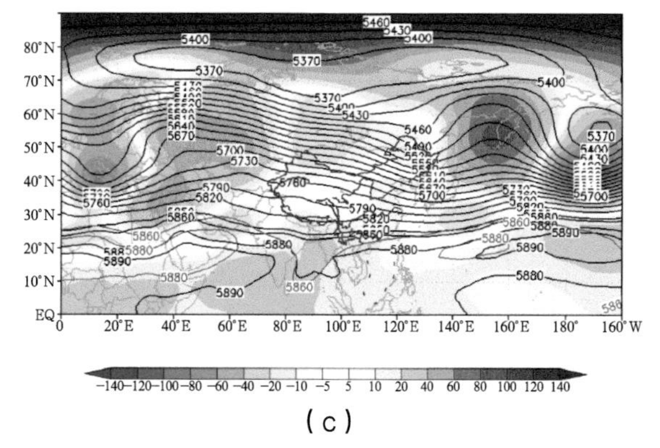

图2.7 2019年3月（a）、4月（b）和5月（c）欧亚500 hPa位势高度及其距平场分布图

（等值线为位势高度场，阴影区为位势高度距平场，单位：gpm）

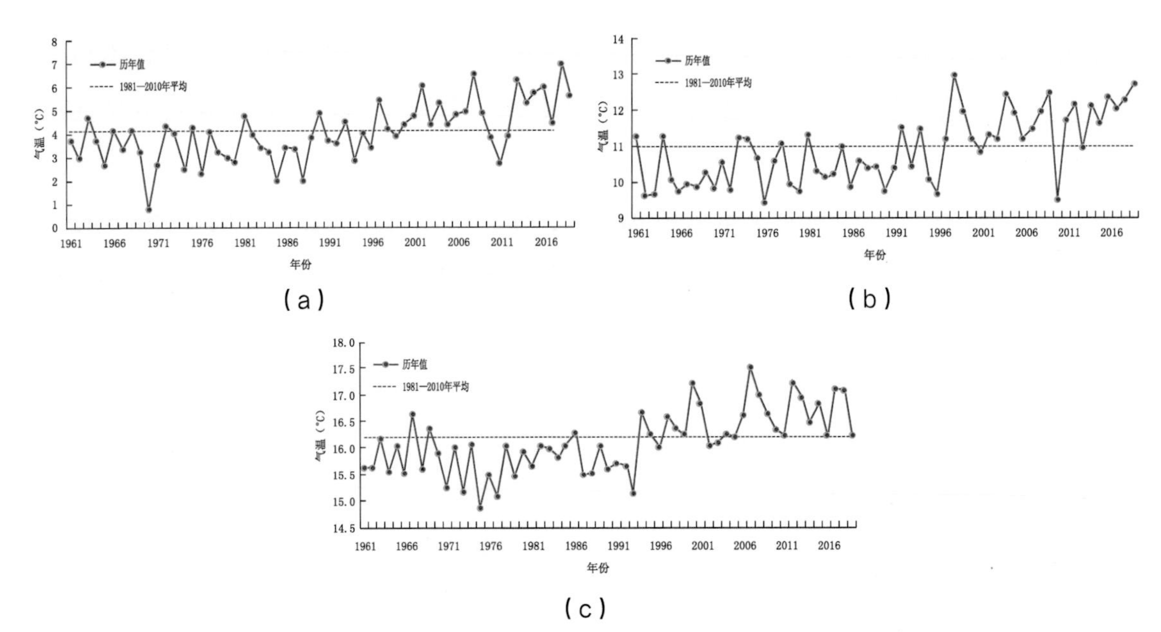

图2.8 1961—2019年3月（a）、4月（b）和5月（c）全国平均气温序列

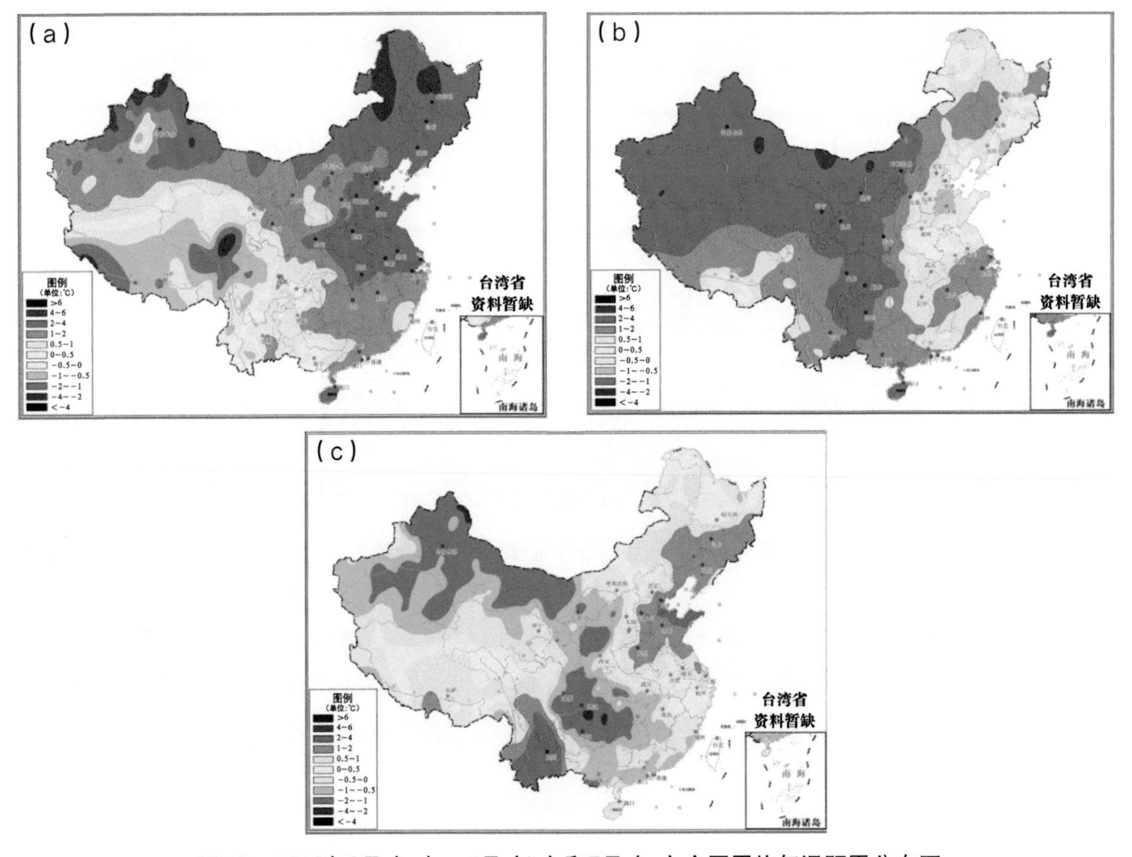

图2.9 2019年3月（a）、4月（b）和5月（c）全国平均气温距平分布图

3 2019年沙尘天气过程纪要表

编号	起止时间	过程类型	主要影响系统	扬沙和沙尘暴主要影响范围	沙尘天气路径
201901	3月19—24日	强沙尘暴	地面冷锋、蒙古气旋	新疆南疆盆地、内蒙古中西部、甘肃中部、青海西北部等地出现扬沙和浮尘天气，新疆南疆盆地的部分地区出现强沙尘暴。	偏西路径
201902	4月4—5日	扬沙	地面冷锋、蒙古气旋	新疆南疆盆地、内蒙古中东部、辽宁、吉林、山东、河北、北京、天津等地的部分地区出现扬沙和浮尘天气。	偏西路径
201903	4月16日	扬沙	蒙古气旋	辽宁西部、吉林西部、黑龙江中南部等地出现扬沙和浮尘天气。	偏北路径
201904	4月17日	扬沙	地面冷锋、蒙古气旋	内蒙古中东部、辽宁西部、吉林西部、黑龙江西部等地出现扬沙和浮尘天气。	偏北路径
201905	4月20日	扬沙	地面冷锋	内蒙古中东部、吉林西部、河北北部等地出现扬沙和浮尘天气，内蒙古中部局地出现沙尘暴。	偏北路径
201906	4月26—28日	沙尘暴	地面冷锋	新疆南疆盆地大部出现扬沙和浮尘天气，新疆南疆盆地东部和南部出现沙尘暴，局地出现强沙尘暴。	南疆盆地
201907	5月4—5日	扬沙	地面冷锋	内蒙古中西部、甘肃中西部出现扬沙和浮尘天气，内蒙古中西部局地出现沙尘暴。	西北路径
201908	5月11—12日	沙尘暴	地面冷锋、蒙古气旋	内蒙古大部、甘肃中西部、宁夏、陕西北部、山西北部、河北北部、北京、天津等地出现扬沙和浮尘天气，内蒙古中西部、甘肃中部的部分地区出现沙尘暴。	西北路径

续表

编号	起止时间	过程类型	主要影响系统	扬沙和沙尘暴主要影响范围	沙尘天气路径
201909	5月14—16日	沙尘暴	地面冷锋	内蒙古中西部、甘肃中东部、宁夏、黑龙江西南部、吉林西部等地的部分地区出现扬沙和浮尘天气，内蒙古、甘肃中部等地的部分地区出现沙尘暴。	西北路径
201910	5月18—19日	扬沙	地面冷锋、蒙古气旋	内蒙古中西部、青海北部、宁夏、甘肃东部、河北中南部、新疆南疆盆地等地等地出现扬沙和浮尘天气。	偏西路径
201911	5月24—26日	扬沙	地面冷锋、蒙古气旋	新疆南疆盆地、青海西北部、宁夏北部、内蒙古西部、陕西北部等地出现扬沙和浮尘天气，其中南疆盆地局地出现沙尘暴。	偏西路径
201912	7月26—27日	沙尘暴	地面冷锋	新疆南疆盆地西部和南部出现扬沙和浮尘天气，新疆南疆盆地南部出现沙尘暴。	南疆盆地
201913	8月17—18日	沙尘暴	地面冷锋	新疆南疆盆地大部、甘肃西部出现扬沙和浮尘天气，新疆南疆盆地东部出现沙尘暴。	南疆盆地
201914	10月27—30日	扬沙	地面冷锋、蒙古气旋	甘肃河西、内蒙古中西部、宁夏北部、陕西中北部、山西大部、河北、北京、河南、安徽、江苏、山东等地出现扬沙和浮尘天气。	西北路径
201915	11月17—18日	扬沙	地面冷锋、蒙古气旋	内蒙古中西部、宁夏北部、陕西北部、山西北部、河北、北京、天津、辽宁等地出现扬沙和浮尘天气。	西北路径

4 2019年逐月沙尘天气日数分布图

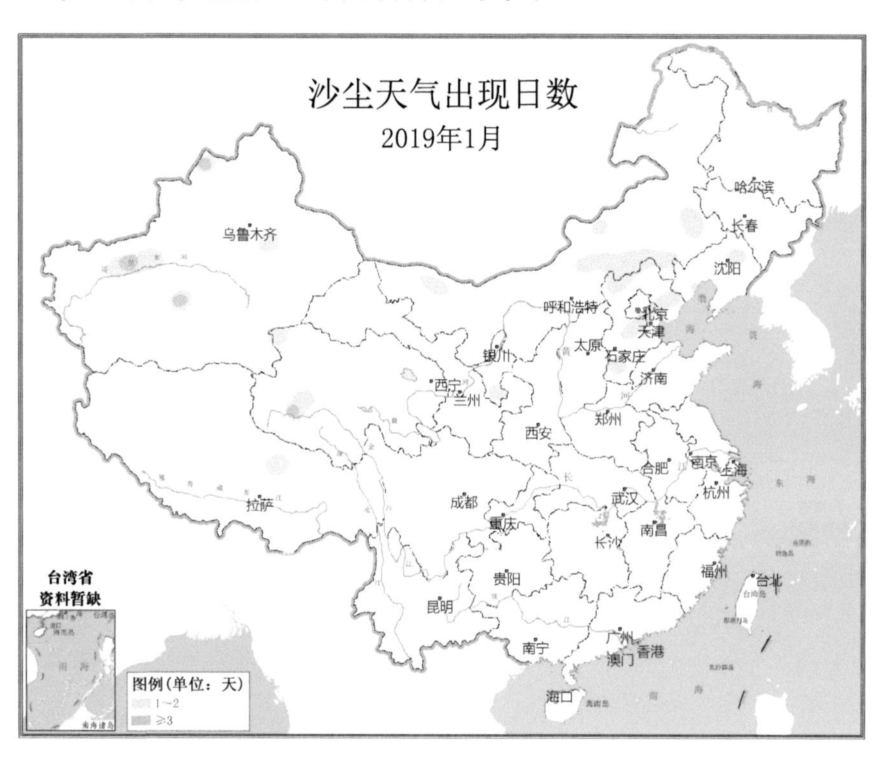

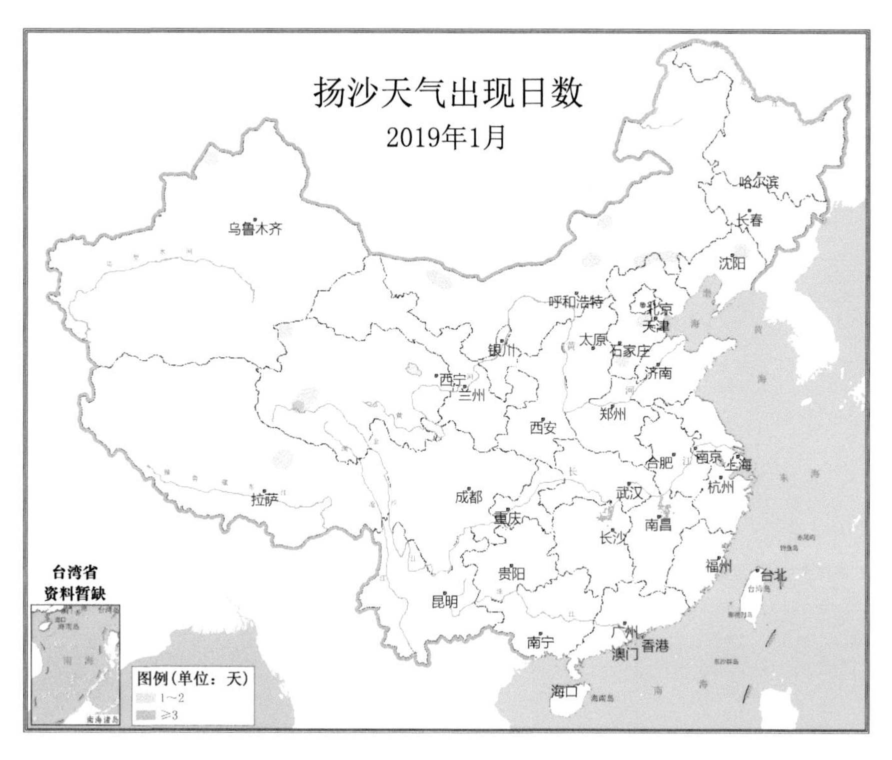

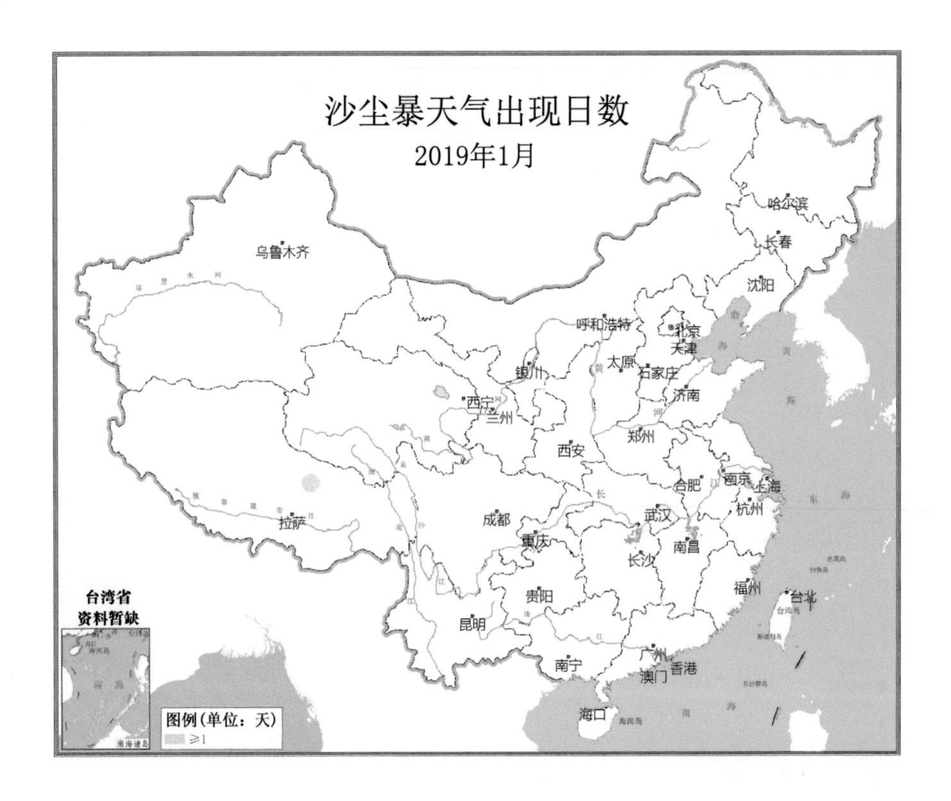

沙尘暴天气出现日数
2019年1月
乌鲁木齐
哈尔滨
长春
沈阳
呼和浩特
北京
天津
太原
石家庄
银川
西宁
兰州
济南
郑州
西安
合肥
南京
上海
杭州
拉萨
成都
武汉
重庆
长沙
南昌
福州
台北
贵阳
昆明
南宁
广州
香港
澳门
海口
台湾省
资料暂缺
图例(单位：天)
≥1

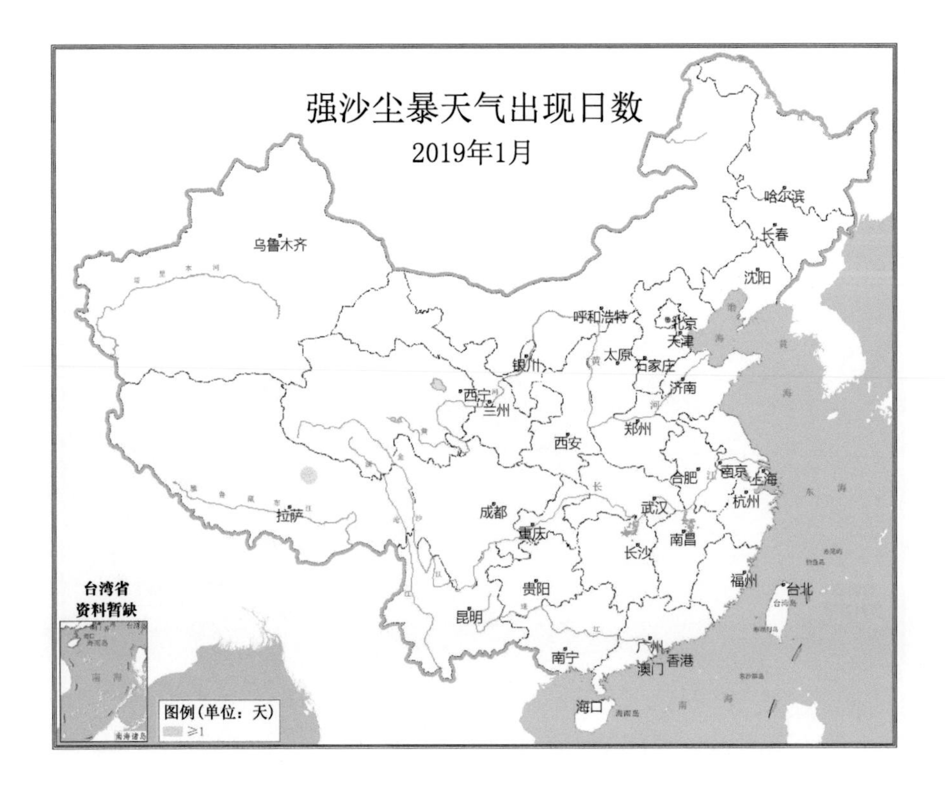

强沙尘暴天气出现日数
2019年1月
乌鲁木齐
哈尔滨
长春
沈阳
呼和浩特
北京
天津
太原
石家庄
银川
西宁
兰州
济南
郑州
西安
合肥
南京
上海
杭州
拉萨
成都
武汉
重庆
长沙
南昌
福州
台北
贵阳
昆明
南宁
广州
香港
澳门
海口
台湾省
资料暂缺
图例(单位：天)
≥1

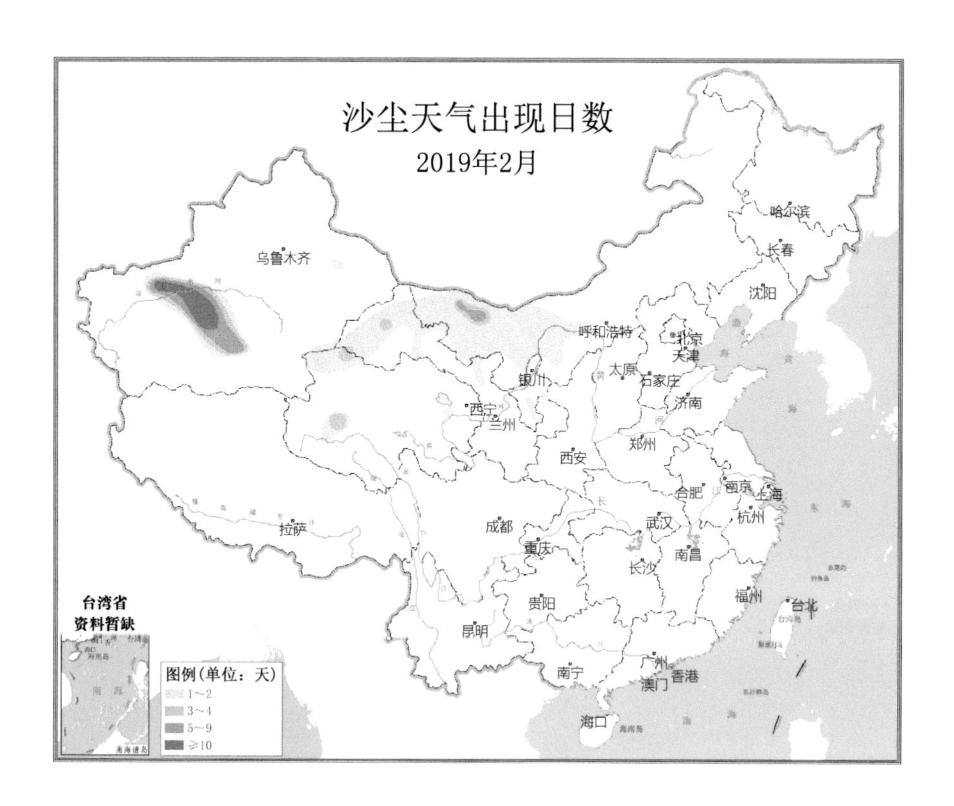
沙尘天气出现日数
2019年2月
乌鲁木齐
哈尔滨
长春
沈阳
呼和浩特
北京
天津
银川
太原
石家庄
济南
西宁
兰州
郑州
西安
合肥
南京
上海
成都
武汉
杭州
拉萨
重庆
南昌
长沙
贵阳
福州
台北
昆明
广州
南宁
香港
澳门
海口
台湾省
资料暂缺
图例(单位：天)
1～2
3～4
5～9
≥10

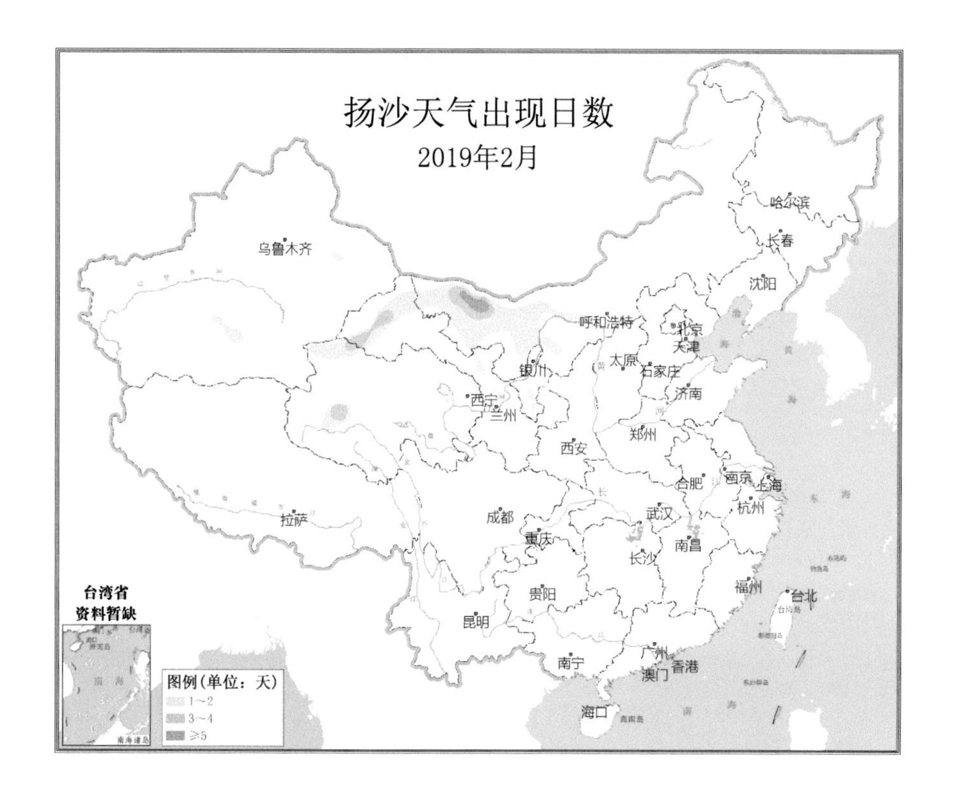
扬沙天气出现日数
2019年2月
乌鲁木齐
哈尔滨
长春
沈阳
呼和浩特
北京
天津
银川
太原
石家庄
济南
西宁
兰州
郑州
西安
合肥
南京
上海
成都
武汉
杭州
拉萨
重庆
南昌
长沙
贵阳
福州
台北
昆明
广州
南宁
香港
澳门
海口
台湾省
资料暂缺
图例(单位：天)
1～2
3～4
≥5

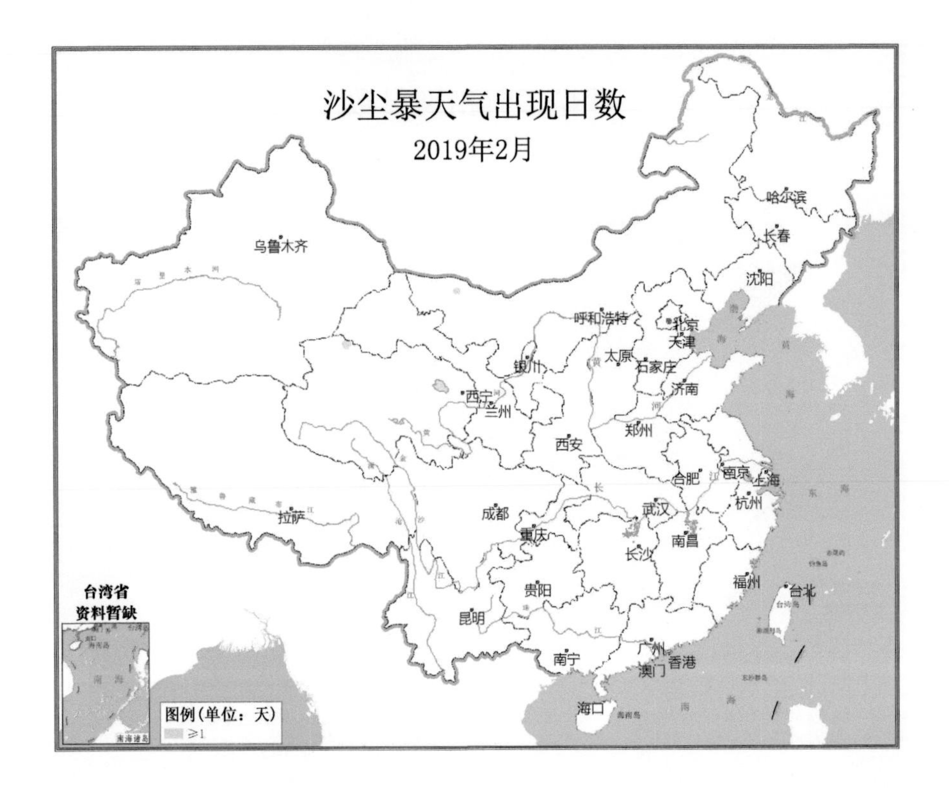
沙尘暴天气出现日数
2019年2月
乌鲁木齐
哈尔滨
长春
沈阳
呼和浩特
北京
天津
太原
石家庄
银川
济南
西宁
兰州
郑州
西安
合肥
南京
上海
杭州
拉萨
成都
武汉
重庆
南昌
长沙
福州
台北
贵阳
昆明
南宁
广州
香港
澳门
海口
台湾省
资料暂缺
图例(单位：天)
≥1

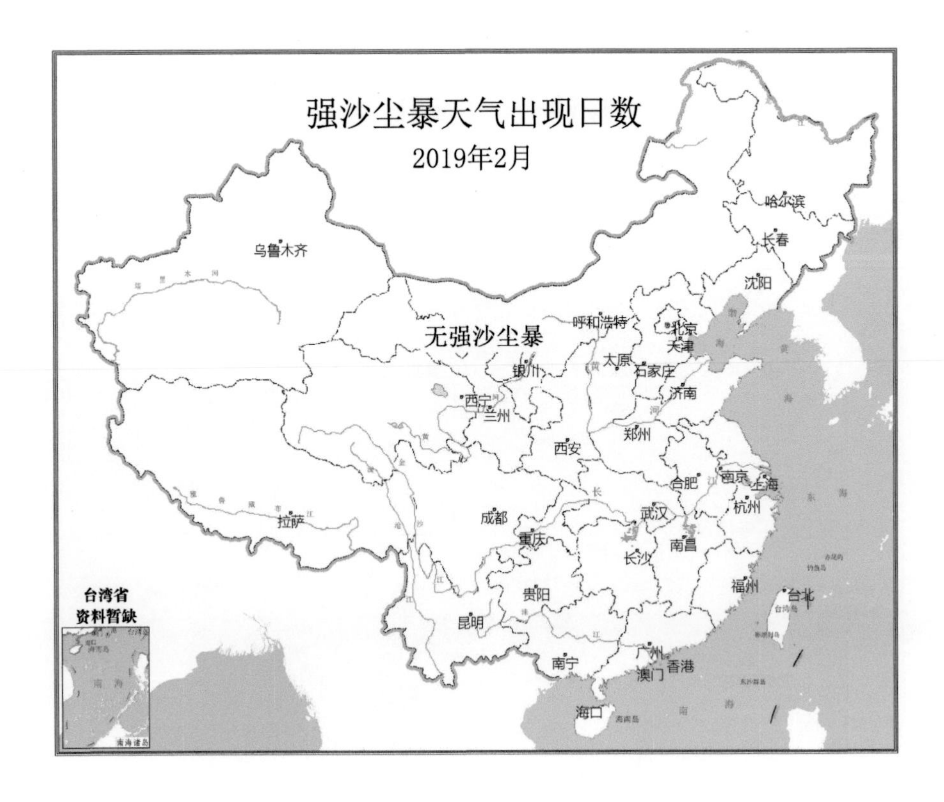
强沙尘暴天气出现日数
2019年2月
无强沙尘暴
乌鲁木齐
哈尔滨
长春
沈阳
呼和浩特
北京
天津
太原
石家庄
银川
济南
西宁
兰州
郑州
西安
合肥
南京
上海
杭州
拉萨
成都
武汉
重庆
南昌
长沙
福州
台北
贵阳
昆明
南宁
广州
香港
澳门
海口
台湾省
资料暂缺

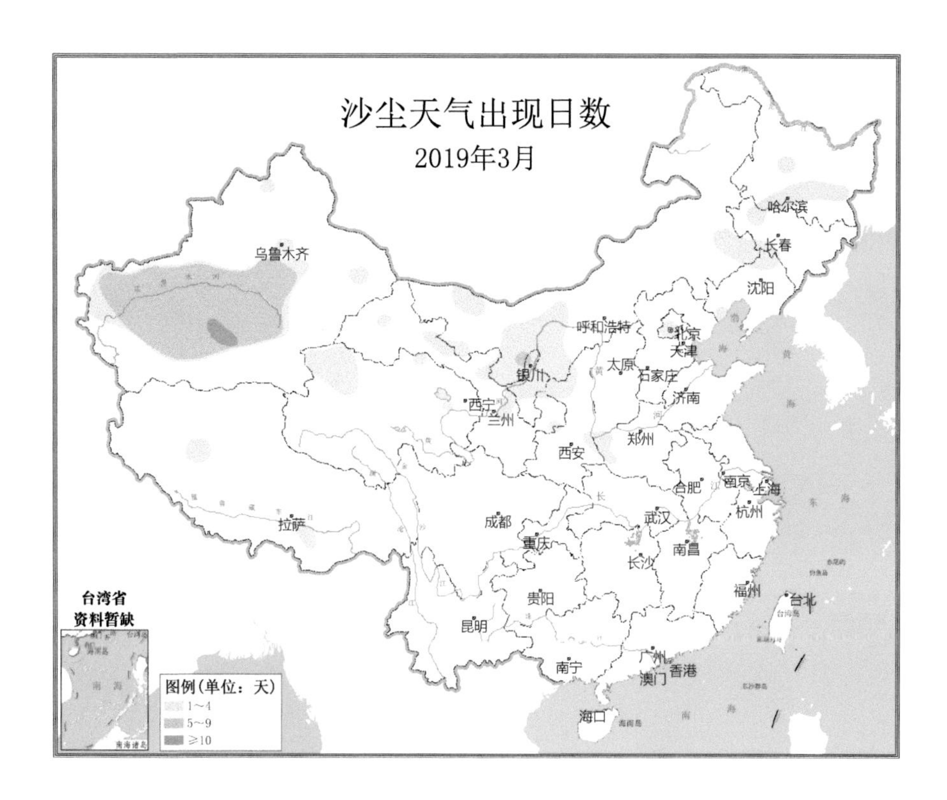
沙尘天气出现日数
2019年3月
乌鲁木齐
哈尔滨
长春
沈阳
呼和浩特
北京
天津
银川
太原
石家庄
济南
西宁
兰州
西安
郑州
合肥
南京
上海
杭州
拉萨
成都
武汉
重庆
长沙
南昌
贵阳
福州
台北
昆明
广州
南宁
香港
澳门
海口
台湾省
资料暂缺
图例(单位：天)
1~4
5~9
≥10

扬沙天气出现日数
2019年3月
乌鲁木齐
哈尔滨
长春
沈阳
呼和浩特
北京
天津
银川
太原
石家庄
济南
西宁
兰州
西安
郑州
合肥
南京
上海
杭州
拉萨
成都
武汉
重庆
长沙
南昌
贵阳
福州
台北
昆明
广州
南宁
香港
澳门
海口
台湾省
资料暂缺
图例(单位：天)
1~2
≥3

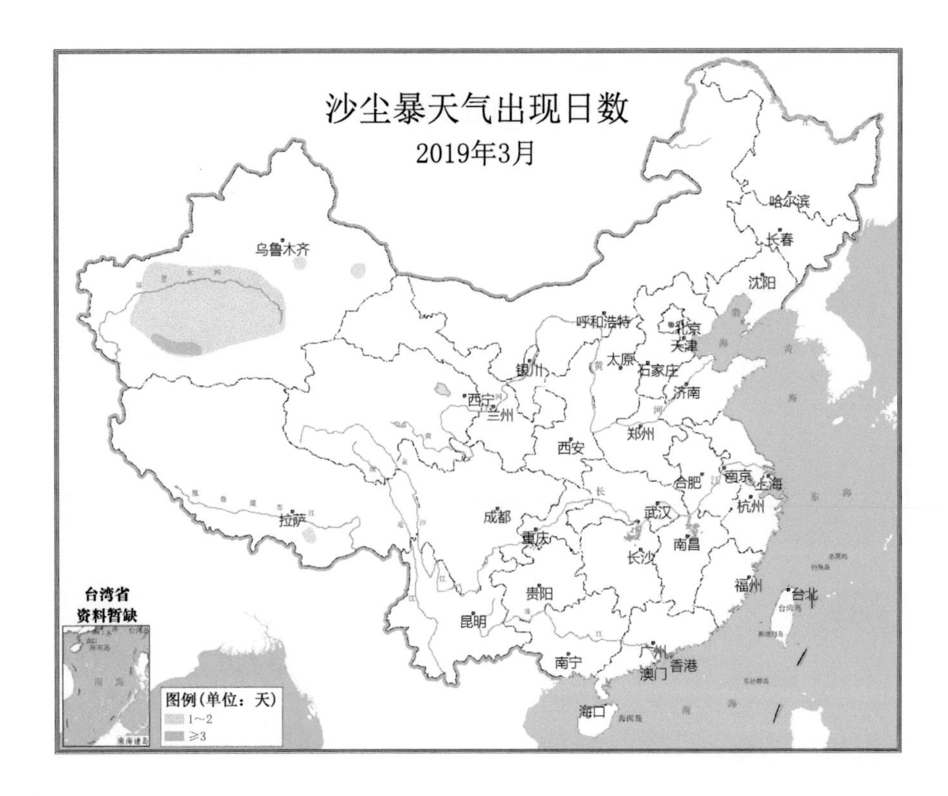
沙尘暴天气出现日数
2019年3月
乌鲁木齐
哈尔滨
长春
沈阳
呼和浩特
北京
天津
太原
石家庄
银川
济南
西宁
兰州
郑州
西安
合肥
南京
上海
杭州
拉萨
成都
武汉
重庆
长沙
南昌
贵阳
福州
台北
昆明
南宁
广州
澳门
香港
海口
台湾省
资料暂缺
图例(单位：天)
1～2
≥3

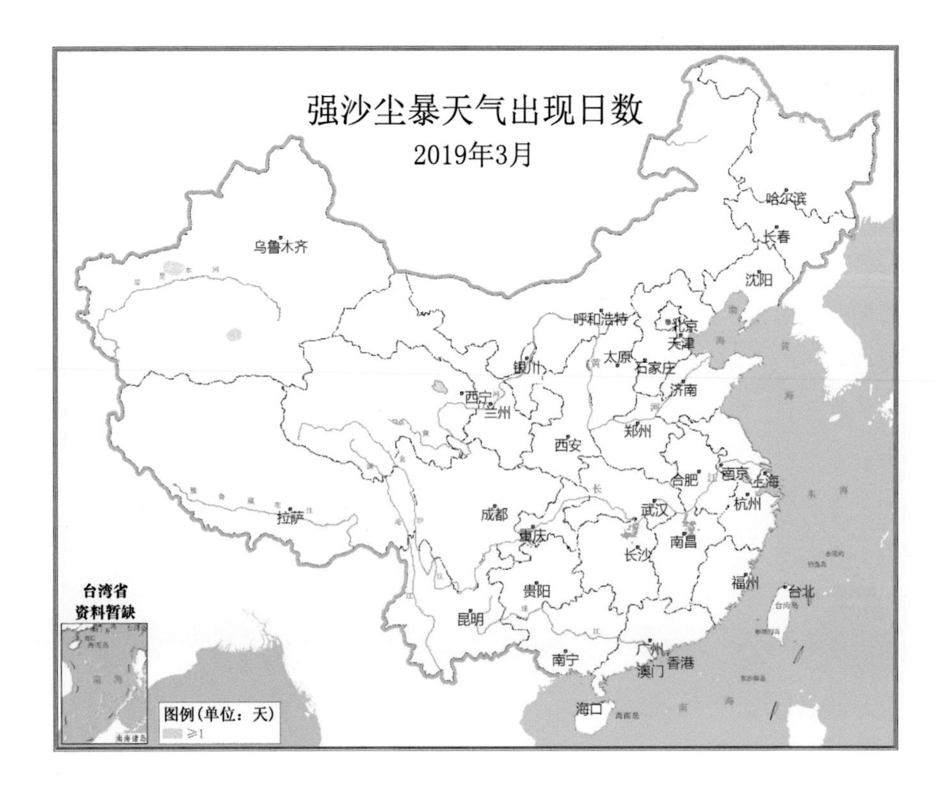
强沙尘暴天气出现日数
2019年3月
乌鲁木齐
哈尔滨
长春
沈阳
呼和浩特
北京
天津
太原
石家庄
银川
济南
西宁
兰州
郑州
西安
合肥
南京
上海
杭州
拉萨
成都
武汉
重庆
长沙
南昌
贵阳
福州
台北
昆明
南宁
广州
澳门
香港
海口
台湾省
资料暂缺
图例(单位：天)
≥1

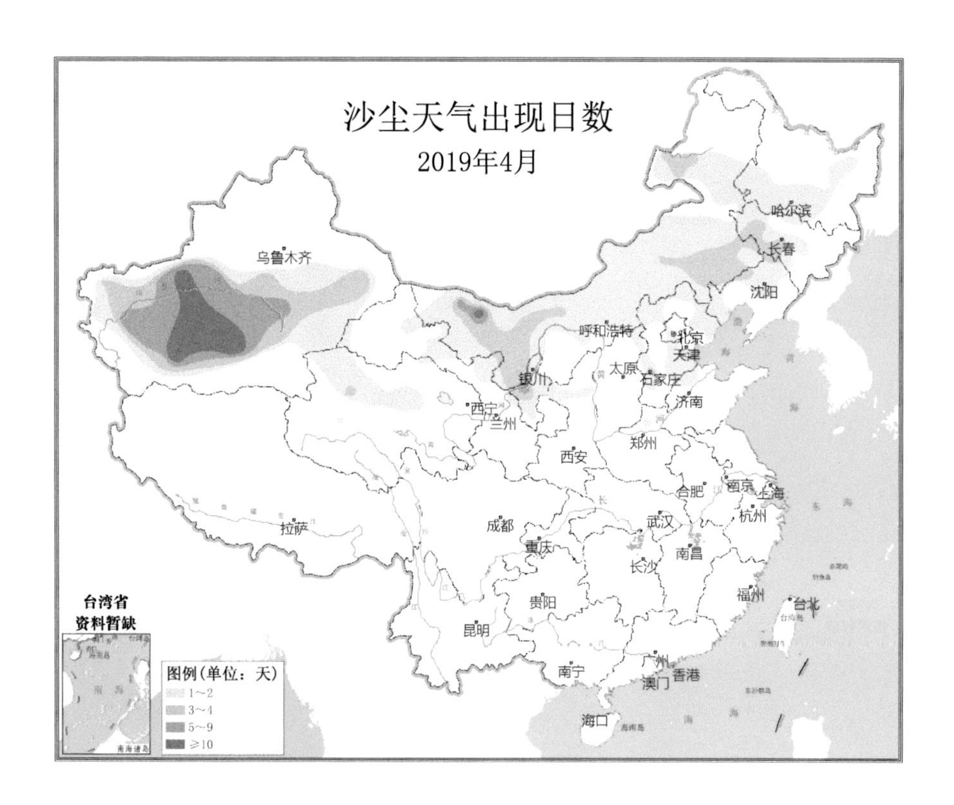
沙尘天气出现日数
2019年4月
乌鲁木齐
哈尔滨
长春
沈阳
呼和浩特
北京
天津
银川
太原
石家庄
济南
西宁
兰州
郑州
西安
合肥
南京
上海
杭州
拉萨
成都
武汉
重庆
长沙
南昌
福州
台北
贵阳
昆明
南宁
广州
澳门
香港
海口
台湾省
资料暂缺
图例(单位：天)
1~2
3~4
5~9
≥10

扬沙天气出现日数
2019年4月
乌鲁木齐
哈尔滨
长春
沈阳
呼和浩特
北京
天津
银川
太原
石家庄
济南
西宁
兰州
郑州
西安
合肥
南京
上海
杭州
拉萨
成都
武汉
重庆
长沙
南昌
福州
台北
贵阳
昆明
南宁
广州
澳门
香港
海口
台湾省
资料暂缺
图例(单位：天)
1~2
3~4
5~9
≥10

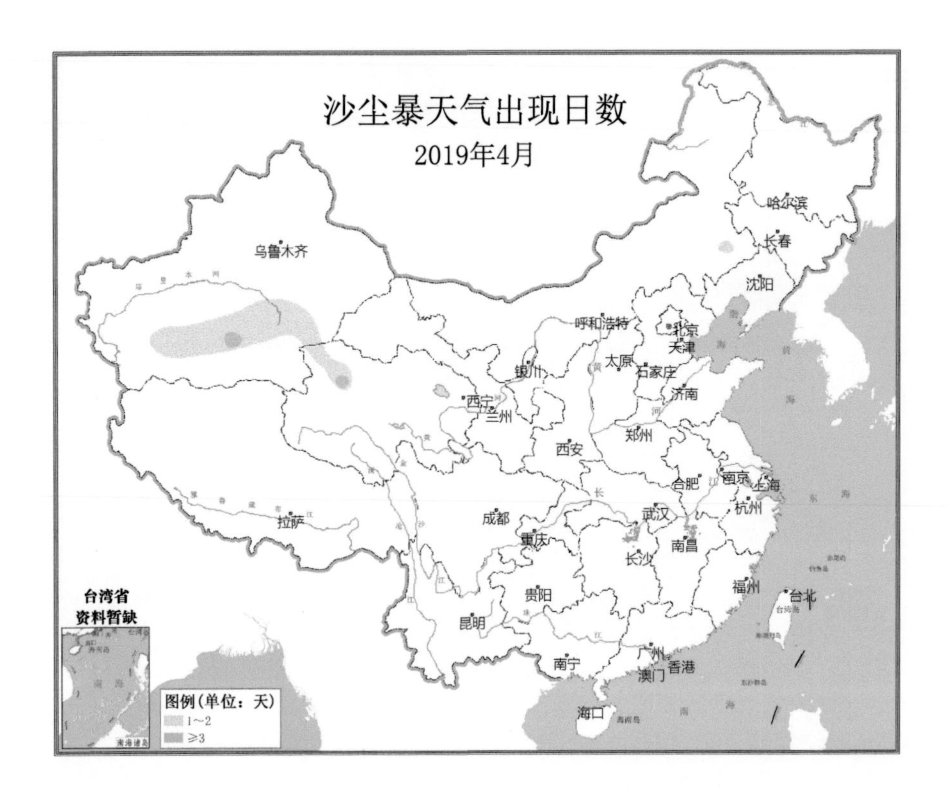
沙尘暴天气出现日数
2019年4月
乌鲁木齐
哈尔滨
长春
沈阳
呼和浩特
北京
天津
太原
石家庄
银川
西宁
兰州
济南
郑州
西安
合肥
南京
上海
杭州
拉萨
成都
武汉
重庆
南昌
长沙
贵阳
福州
台北
昆明
南宁
广州
澳门
香港
海口
台湾省
资料暂缺
图例(单位：天)
1～2
≥3

强沙尘暴天气出现日数
2019年4月
乌鲁木齐
哈尔滨
长春
沈阳
呼和浩特
北京
天津
太原
石家庄
银川
西宁
兰州
济南
郑州
西安
合肥
南京
上海
杭州
拉萨
成都
武汉
重庆
南昌
长沙
贵阳
福州
台北
昆明
南宁
广州
澳门
香港
海口
台湾省
资料暂缺
图例(单位：天)
≥1

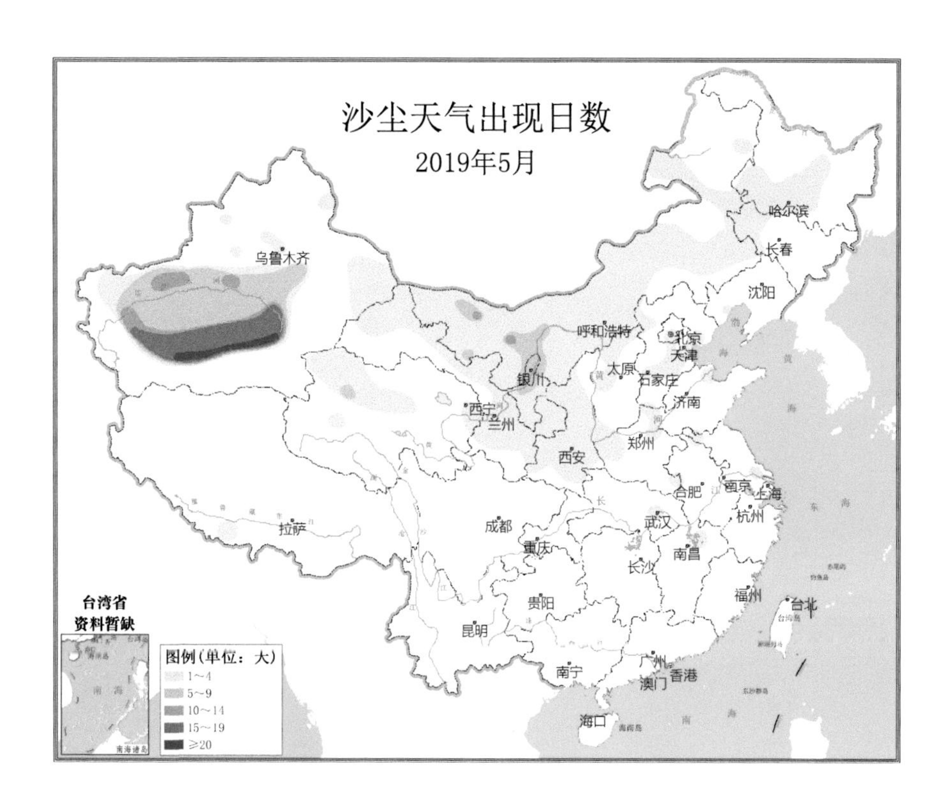
沙尘天气出现日数
2019年5月
乌鲁木齐
哈尔滨
长春
沈阳
呼和浩特
北京
天津
太原
石家庄
银川
济南
西宁
兰州
郑州
西安
合肥
南京
上海
杭州
拉萨
成都
武汉
重庆
长沙
南昌
福州
台北
贵阳
昆明
广州
南宁
澳门
香港
海口
台湾省
资料暂缺
图例(单位：天)
1～4
5～9
10～14
15～19
≥20

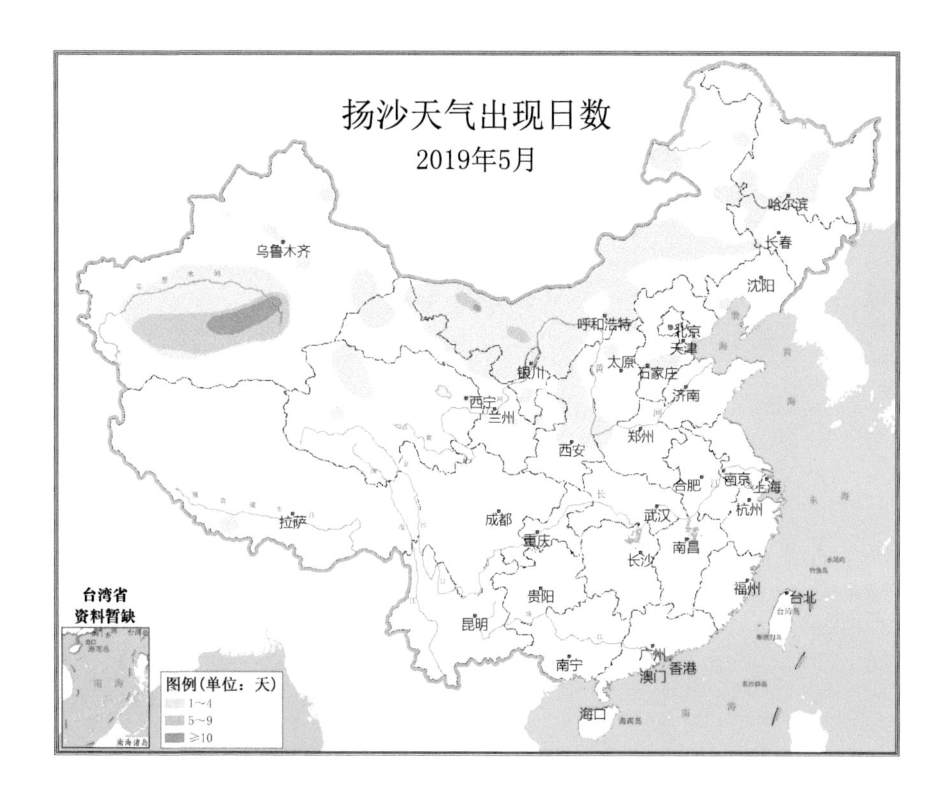
扬沙天气出现日数
2019年5月
乌鲁木齐
哈尔滨
长春
沈阳
呼和浩特
北京
天津
太原
石家庄
银川
济南
西宁
兰州
郑州
西安
合肥
南京
上海
杭州
拉萨
成都
武汉
重庆
长沙
南昌
福州
台北
贵阳
昆明
广州
南宁
澳门
香港
海口
台湾省
资料暂缺
图例(单位：天)
1～4
5～9
≥10

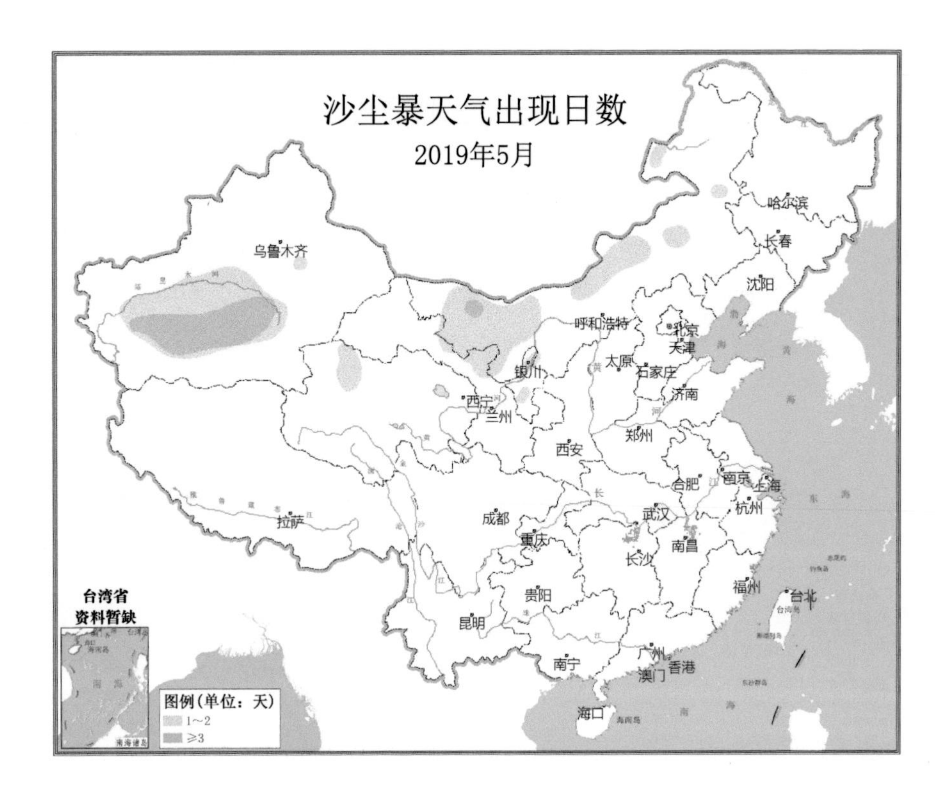
沙尘暴天气出现日数
2019年5月
乌鲁木齐
哈尔滨
长春
沈阳
呼和浩特
北京
天津
银川
太原
石家庄
济南
西宁
兰州
西安
郑州
合肥
南京
上海
拉萨
成都
武汉
杭州
重庆
长沙
南昌
福州
台北
贵阳
昆明
南宁
广州
澳门
香港
海口
台湾省
资料暂缺
图例(单位：天)
1～2
≥3

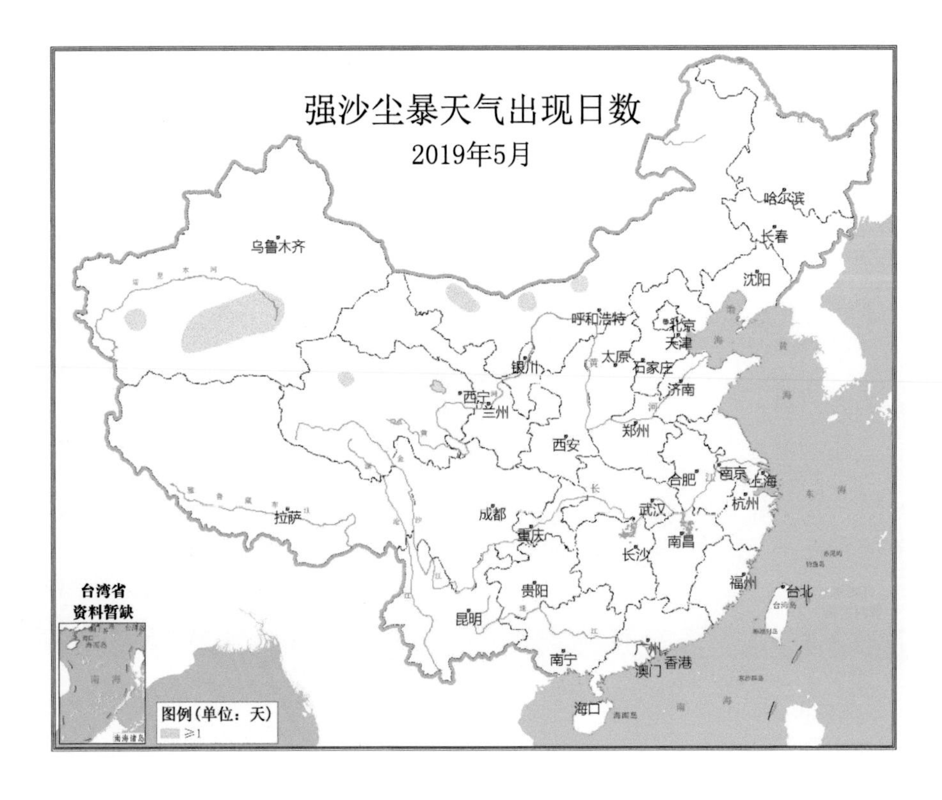
强沙尘暴天气出现日数
2019年5月
乌鲁木齐
哈尔滨
长春
沈阳
呼和浩特
北京
天津
银川
太原
石家庄
济南
西宁
兰州
西安
郑州
合肥
南京
上海
拉萨
成都
武汉
杭州
重庆
长沙
南昌
福州
台北
贵阳
昆明
南宁
广州
澳门
香港
海口
台湾省
资料暂缺
图例(单位：天)
≥1

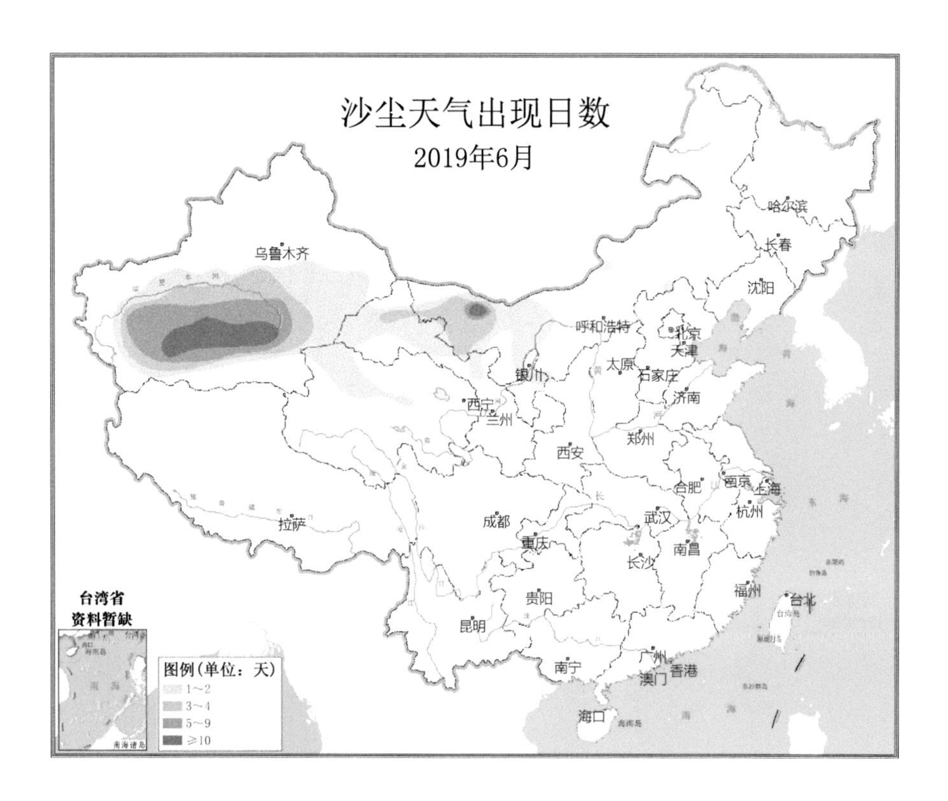
沙尘天气出现日数
2019年6月
乌鲁木齐
哈尔滨
长春
沈阳
呼和浩特
北京
天津
太原
石家庄
银川
济南
西宁
兰州
郑州
西安
合肥
南京
上海
杭州
拉萨
成都
武汉
重庆
南昌
长沙
福州
台北
贵阳
昆明
广州
南宁
香港
澳门
海口
台湾省
资料暂缺
图例(单位：天)
1~2
3~4
5~9
≥10

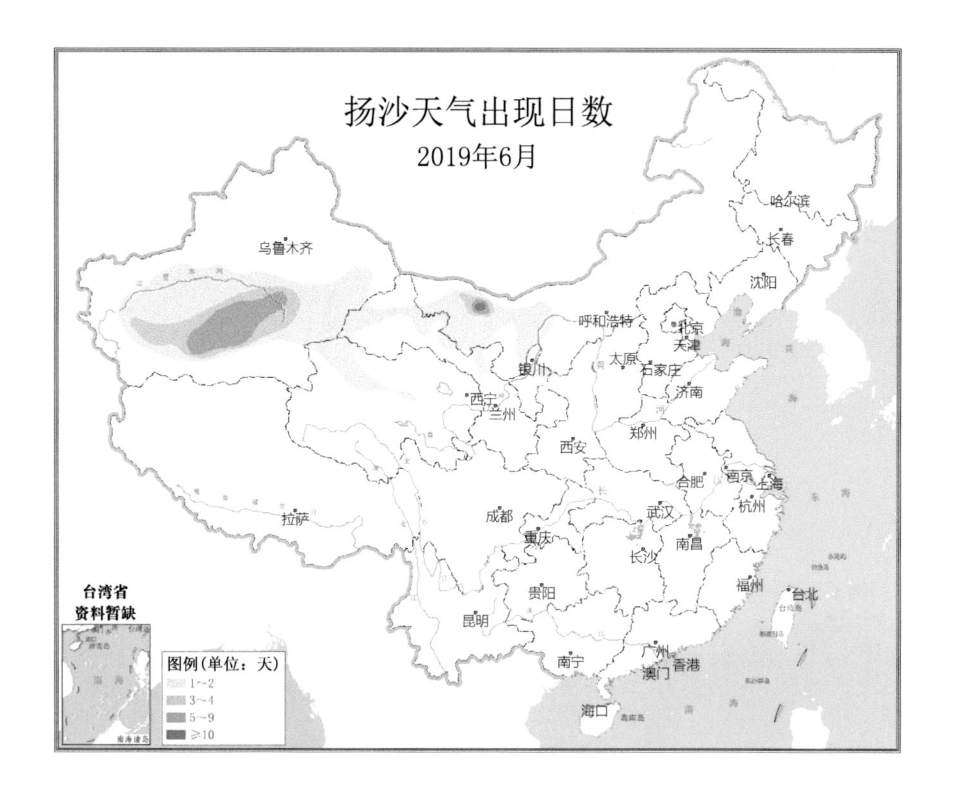
扬沙天气出现日数
2019年6月
乌鲁木齐
哈尔滨
长春
沈阳
呼和浩特
北京
天津
太原
石家庄
银川
济南
西宁
兰州
郑州
西安
合肥
南京
上海
杭州
拉萨
成都
武汉
重庆
南昌
长沙
福州
台北
贵阳
昆明
广州
南宁
香港
澳门
海口
台湾省
资料暂缺
图例(单位：天)
1~2
3~4
5~9
≥10

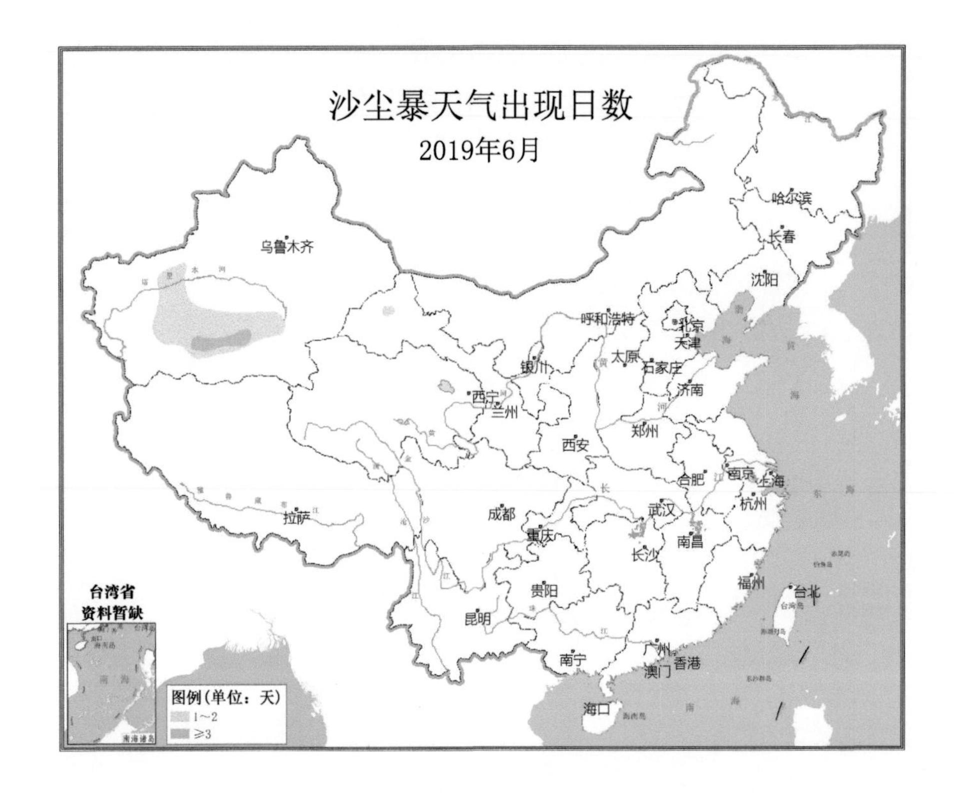
沙尘暴天气出现日数
2019年6月
乌鲁木齐
哈尔滨
长春
沈阳
呼和浩特
北京
天津
太原
石家庄
银川
济南
西宁
兰州
郑州
西安
合肥
南京
上海
拉萨
成都
武汉
杭州
重庆
南昌
长沙
福州
台北
贵阳
昆明
广州
香港
澳门
南宁
海口
台湾省
资料暂缺
图例(单位：天)
1~2
≥3

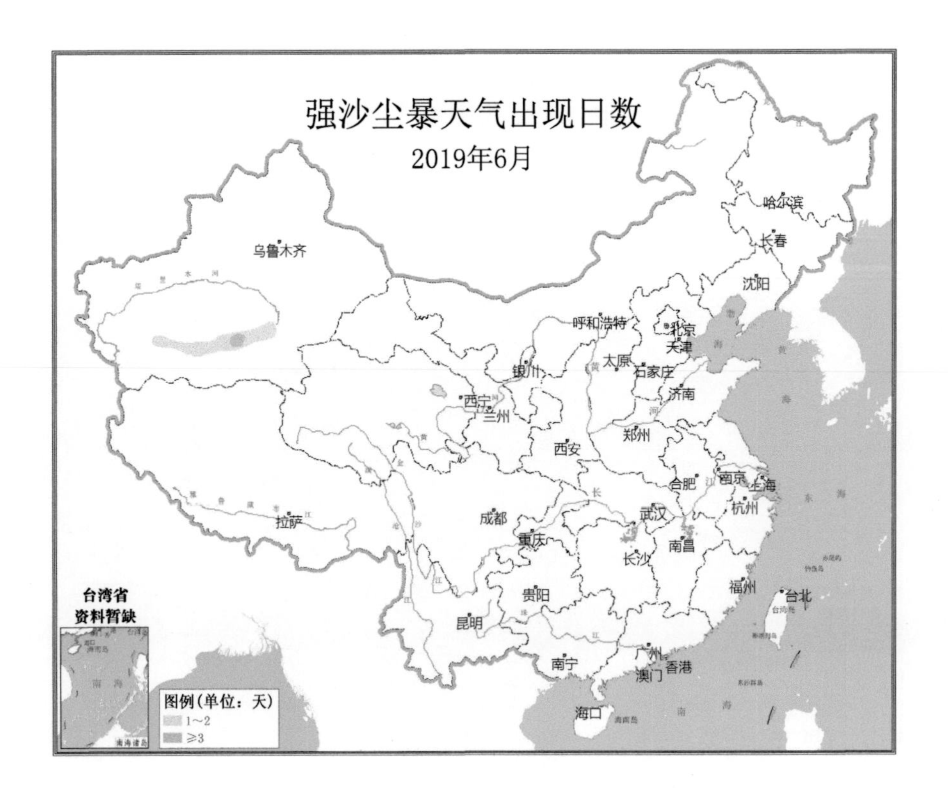
强沙尘暴天气出现日数
2019年6月
乌鲁木齐
哈尔滨
长春
沈阳
呼和浩特
北京
天津
太原
石家庄
银川
济南
西宁
兰州
郑州
西安
合肥
南京
上海
拉萨
成都
武汉
杭州
重庆
南昌
长沙
福州
台北
贵阳
昆明
广州
香港
澳门
南宁
海口
台湾省
资料暂缺
图例(单位：天)
1~2
≥3

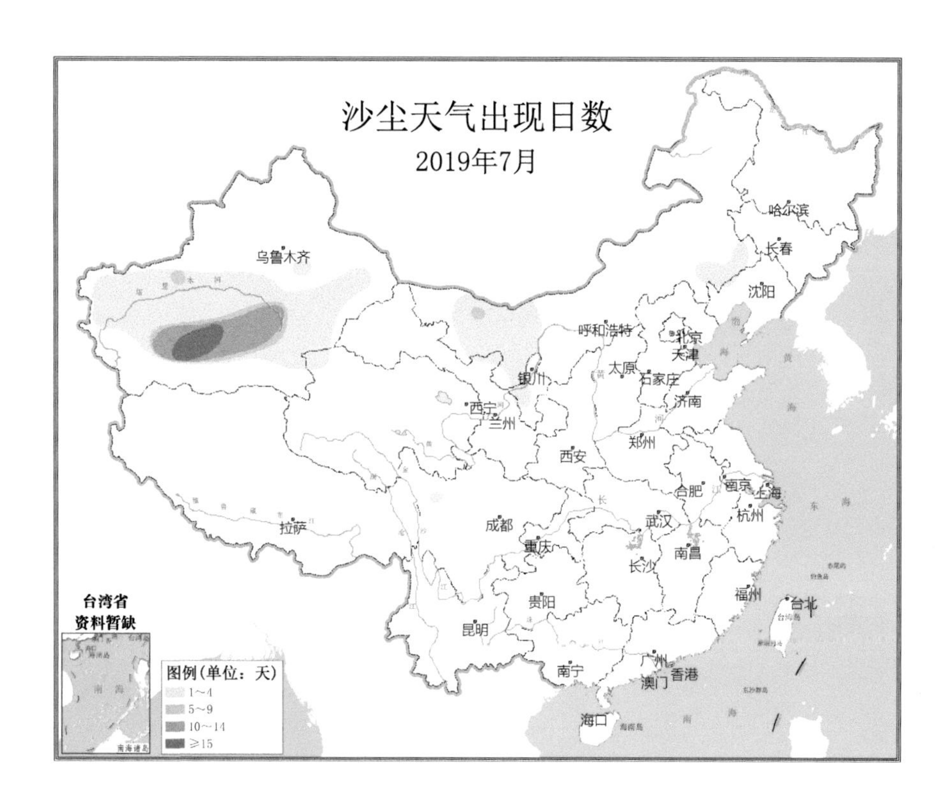
沙尘天气出现日数
2019年7月
乌鲁木齐
哈尔滨
长春
沈阳
呼和浩特
北京
天津
太原
石家庄
银川
济南
西宁
兰州
郑州
西安
合肥
南京
上海
杭州
拉萨
成都
武汉
重庆
南昌
长沙
福州
台北
贵阳
昆明
南宁
广州
香港
澳门
海口
台湾省
资料暂缺
图例（单位：天）
1～4
5～9
10～14
≥15

扬沙天气出现日数
2019年7月
乌鲁木齐
哈尔滨
长春
沈阳
呼和浩特
北京
天津
太原
石家庄
银川
济南
西宁
兰州
郑州
西安
合肥
南京
上海
杭州
拉萨
成都
武汉
重庆
南昌
长沙
福州
台北
贵阳
昆明
南宁
广州
香港
澳门
海口
台湾省
资料暂缺
图例（单位：天）
1～2
≥3

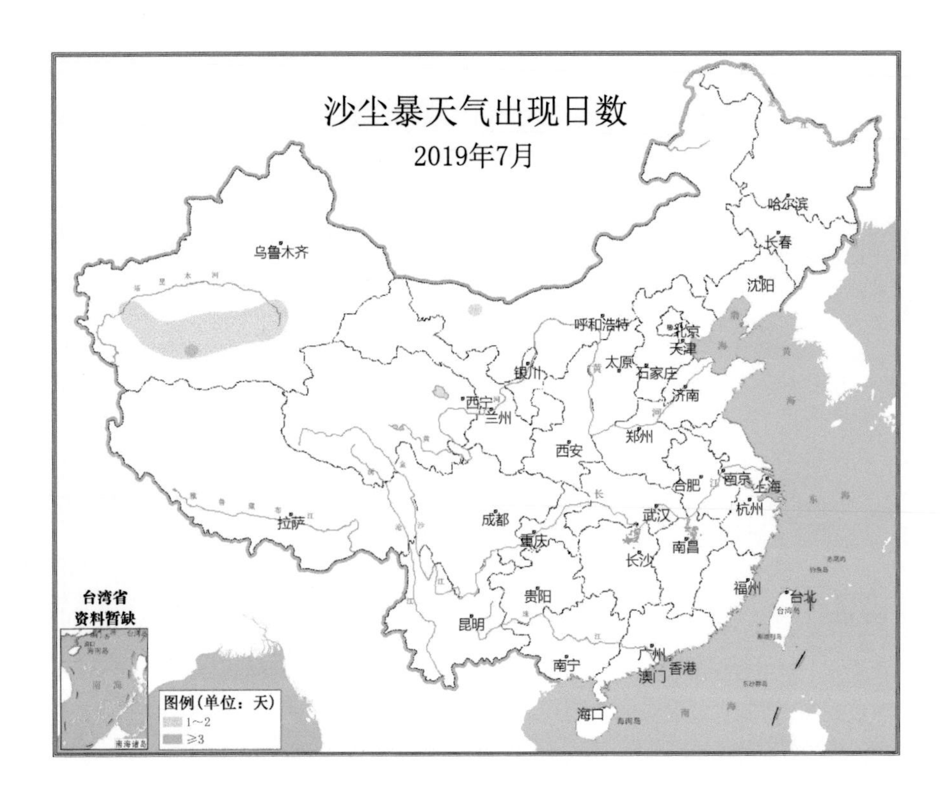
沙尘暴天气出现日数
2019年7月
乌鲁木齐
哈尔滨
长春
沈阳
呼和浩特
北京
天津
太原
石家庄
银川
济南
西宁
兰州
郑州
西安
合肥
南京
上海
拉萨
成都
武汉
杭州
重庆
长沙
南昌
福州
台北
贵阳
昆明
广州
南宁
澳门
香港
海口
台湾省
资料暂缺
图例(单位：天)
1～2
≥3

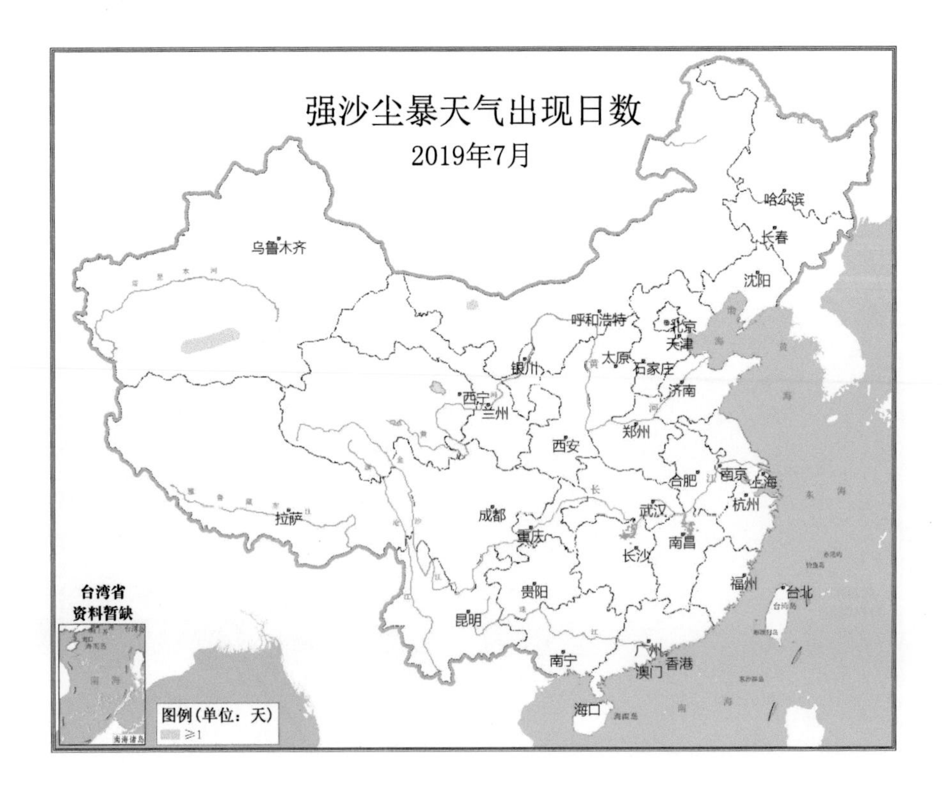
强沙尘暴天气出现日数
2019年7月
乌鲁木齐
哈尔滨
长春
沈阳
呼和浩特
北京
天津
太原
石家庄
银川
济南
西宁
兰州
郑州
西安
合肥
南京
上海
拉萨
成都
武汉
杭州
重庆
长沙
南昌
福州
台北
贵阳
昆明
广州
南宁
澳门
香港
海口
台湾省
资料暂缺
图例(单位：天)
≥1

沙尘天气出现日数
2019年8月
乌鲁木齐
哈尔滨
长春
沈阳
呼和浩特
北京
天津
银川
太原
石家庄
济南
西宁
兰州
西安
郑州
合肥
南京
上海
杭州
拉萨
成都
武汉
重庆
长沙
南昌
福州
台北
贵阳
昆明
南宁
广州
澳门
香港
海口
台湾省
资料暂缺
图例（单位：天）
1~4
5~9
10~19
≥20

扬沙天气出现日数
2019年8月
乌鲁木齐
哈尔滨
长春
沈阳
呼和浩特
北京
天津
银川
太原
石家庄
济南
西宁
兰州
西安
郑州
合肥
南京
上海
杭州
拉萨
成都
武汉
重庆
长沙
南昌
福州
台北
贵阳
昆明
南宁
广州
澳门
香港
海口
台湾省
资料暂缺
图例（单位：天）
1~2
3~4
≥5

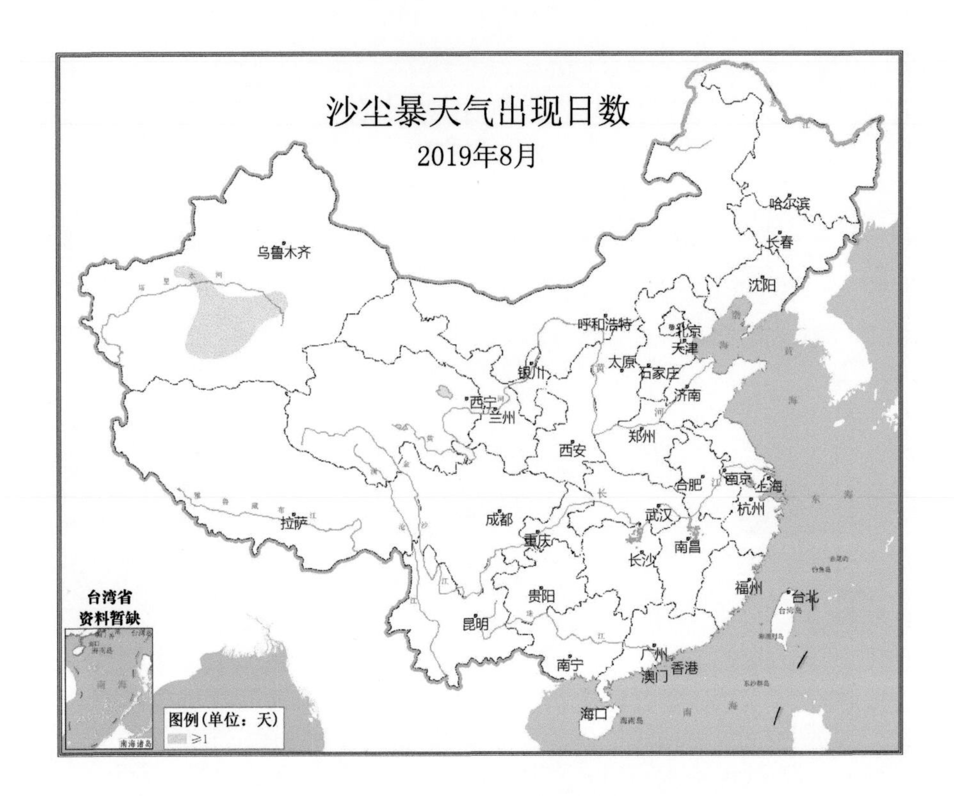
沙尘暴天气出现日数
2019年8月
乌鲁木齐
哈尔滨
长春
沈阳
呼和浩特
北京
天津
太原
石家庄
银川
西宁
兰州
济南
郑州
西安
合肥
南京
上海
杭州
拉萨
成都
武汉
重庆
长沙
南昌
福州
台北
贵阳
昆明
南宁
广州
澳门
香港
海口
台湾省
资料暂缺
图例(单位：天)
≥1

强沙尘暴天气出现日数
2019年8月
乌鲁木齐
哈尔滨
长春
沈阳
呼和浩特
北京
天津
太原
石家庄
银川
西宁
兰州
济南
郑州
西安
合肥
南京
上海
杭州
拉萨
成都
武汉
重庆
长沙
南昌
福州
台北
贵阳
昆明
南宁
广州
澳门
香港
海口
台湾省
资料暂缺
图例(单位：天)
≥1

沙尘天气出现日数
2019年9月
乌鲁木齐
哈尔滨
长春
沈阳
呼和浩特
北京
天津
银川
太原
石家庄
济南
西宁
兰州
西安
郑州
合肥
南京
上海
拉萨
成都
武汉
杭州
重庆
长沙
南昌
贵阳
福州
台北
昆明
南宁
广州
香港
澳门
海口
台湾省
资料暂缺
图例(单位：天)
1~4
5~9
≥10

扬沙天气出现日数
2019年9月
乌鲁木齐
哈尔滨
长春
沈阳
呼和浩特
北京
天津
银川
太原
石家庄
济南
西宁
兰州
西安
郑州
合肥
南京
上海
拉萨
成都
武汉
杭州
重庆
长沙
南昌
贵阳
福州
台北
昆明
南宁
广州
香港
澳门
海口
台湾省
资料暂缺
图例(单位：天)
1~2
3~4
≥5

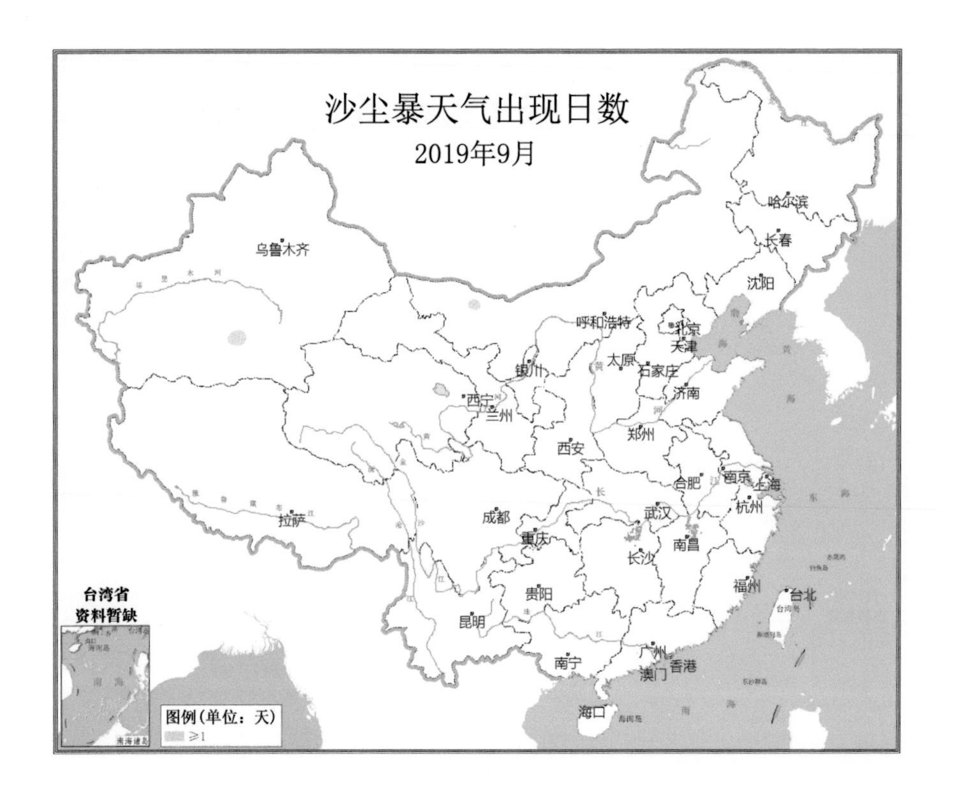
沙尘暴天气出现日数
2019年9月
乌鲁木齐
哈尔滨
长春
沈阳
呼和浩特
北京
天津
太原
石家庄
银川
西宁
兰州
济南
郑州
西安
合肥
南京
上海
拉萨
成都
武汉
杭州
重庆
长沙
南昌
福州
台北
贵阳
昆明
广州
香港
澳门
南宁
海口
台湾省
资料暂缺
图例(单位：天)
≥1

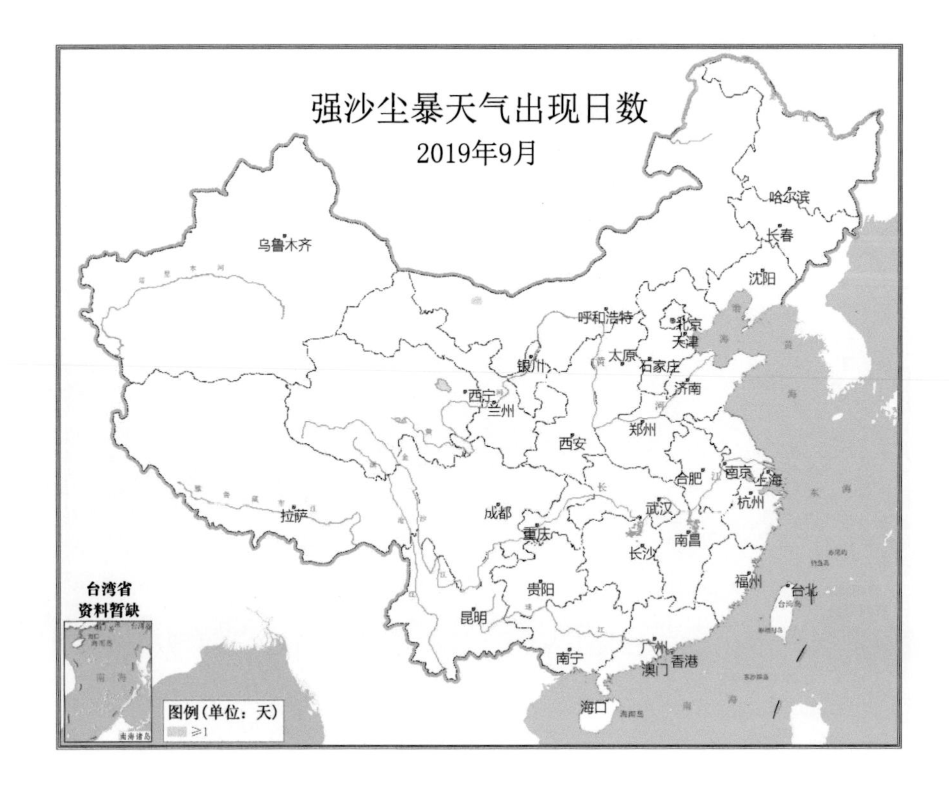
强沙尘暴天气出现日数
2019年9月
乌鲁木齐
哈尔滨
长春
沈阳
呼和浩特
北京
天津
太原
石家庄
银川
西宁
兰州
济南
郑州
西安
合肥
南京
上海
拉萨
成都
武汉
杭州
重庆
长沙
南昌
福州
台北
贵阳
昆明
广州
香港
澳门
南宁
海口
台湾省
资料暂缺
图例(单位：天)
≥1

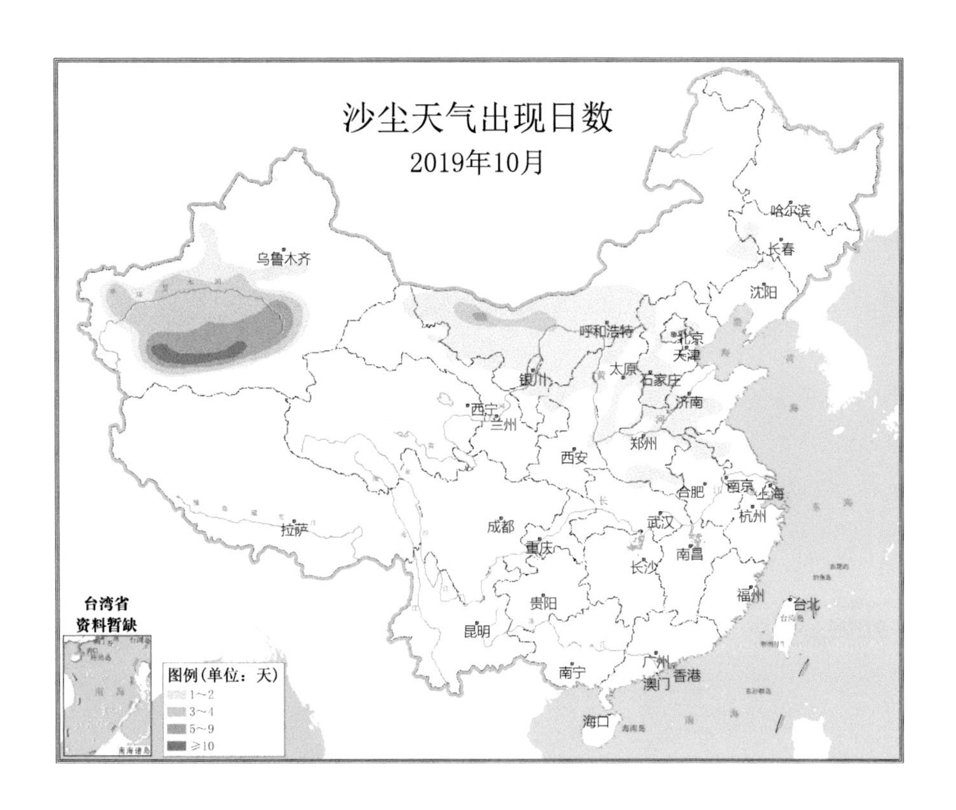
沙尘天气出现日数
2019年10月
乌鲁木齐
哈尔滨
长春
沈阳
呼和浩特
北京
天津
银川
太原
石家庄
西宁
兰州
济南
西安
郑州
合肥
南京
上海
杭州
拉萨
成都
武汉
重庆
长沙
南昌
福州
台北
贵阳
昆明
南宁
广州
澳门
香港
海口
台湾省
资料暂缺
图例（单位：天）
1～2
3～4
5～9
≥10

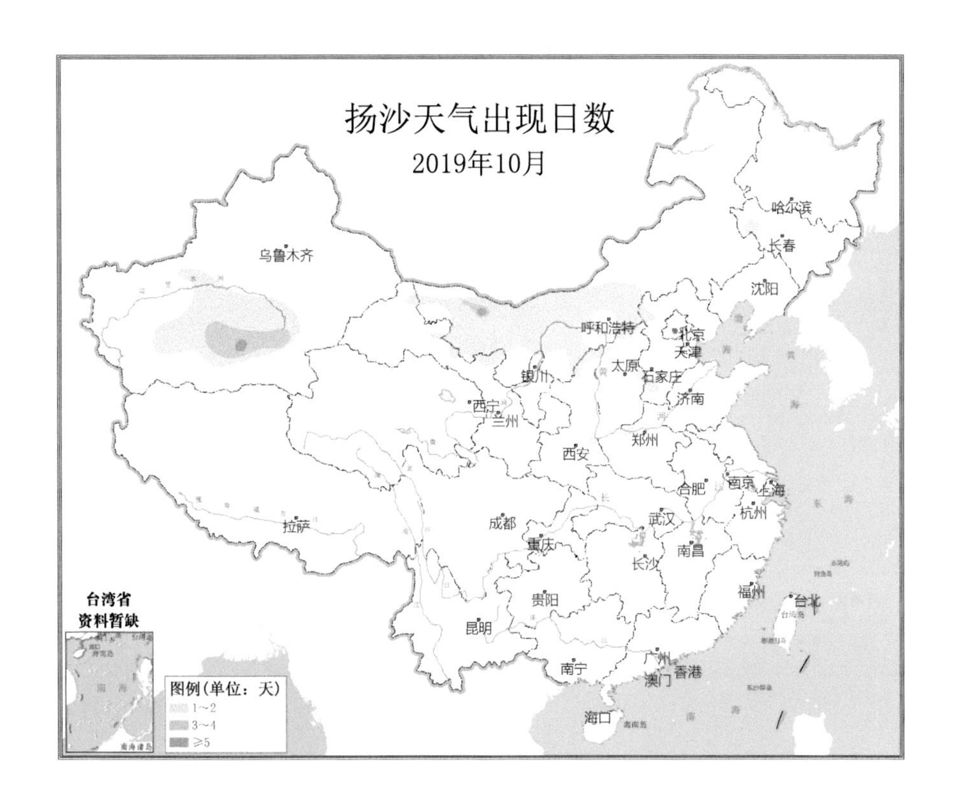
扬沙天气出现日数
2019年10月
乌鲁木齐
哈尔滨
长春
沈阳
呼和浩特
北京
天津
银川
太原
石家庄
西宁
兰州
济南
西安
郑州
合肥
南京
上海
杭州
拉萨
成都
武汉
重庆
长沙
南昌
福州
台北
贵阳
昆明
南宁
广州
澳门
香港
海口
台湾省
资料暂缺
图例（单位：天）
1～2
3～4
≥5

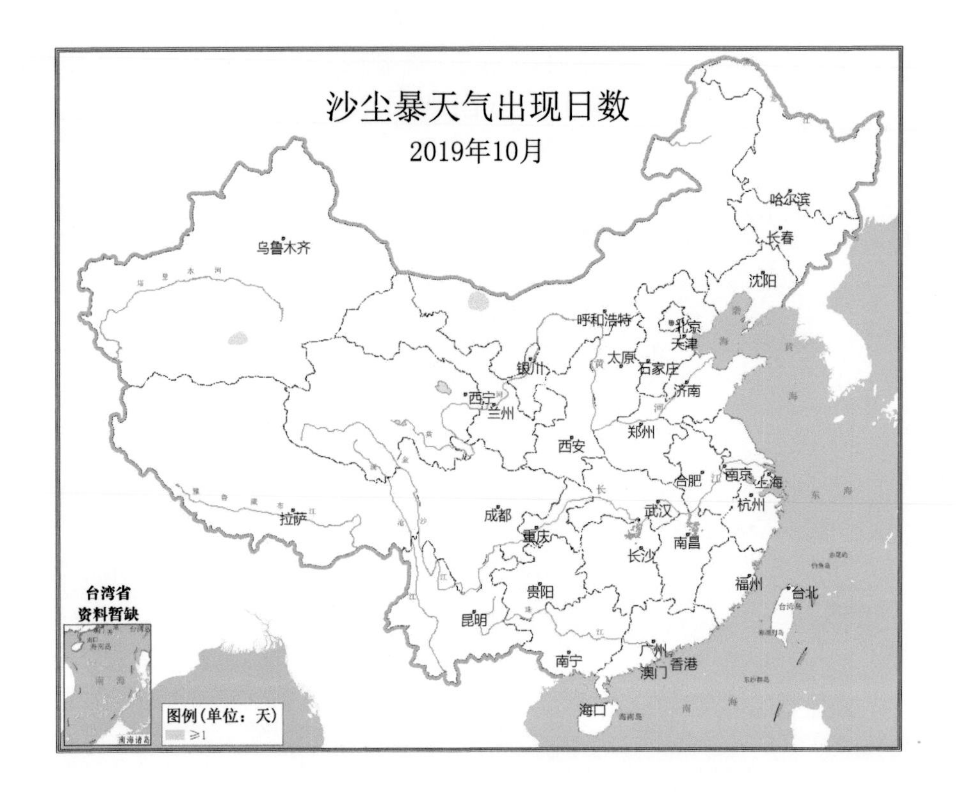
沙尘暴天气出现日数
2019年10月
乌鲁木齐
哈尔滨
长春
沈阳
呼和浩特
北京
天津
银川
太原
石家庄
西宁
兰州
济南
西安
郑州
合肥
南京
上海
拉萨
成都
武汉
杭州
重庆
长沙
南昌
贵阳
福州
台北
昆明
南宁
广州
澳门
香港
海口
台湾省
资料暂缺
图例(单位：天)
≥1

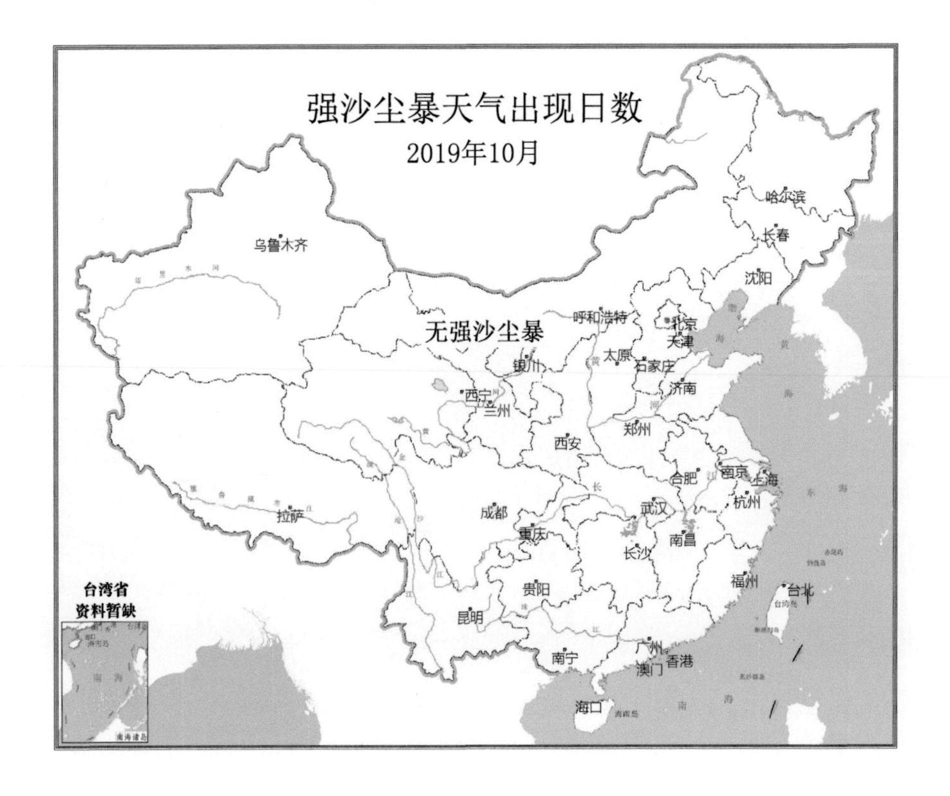
强沙尘暴天气出现日数
2019年10月
无强沙尘暴
乌鲁木齐
哈尔滨
长春
沈阳
呼和浩特
北京
天津
银川
太原
石家庄
西宁
兰州
济南
西安
郑州
合肥
南京
上海
拉萨
成都
武汉
杭州
重庆
长沙
南昌
贵阳
福州
台北
昆明
南宁
广州
澳门
香港
海口
台湾省
资料暂缺

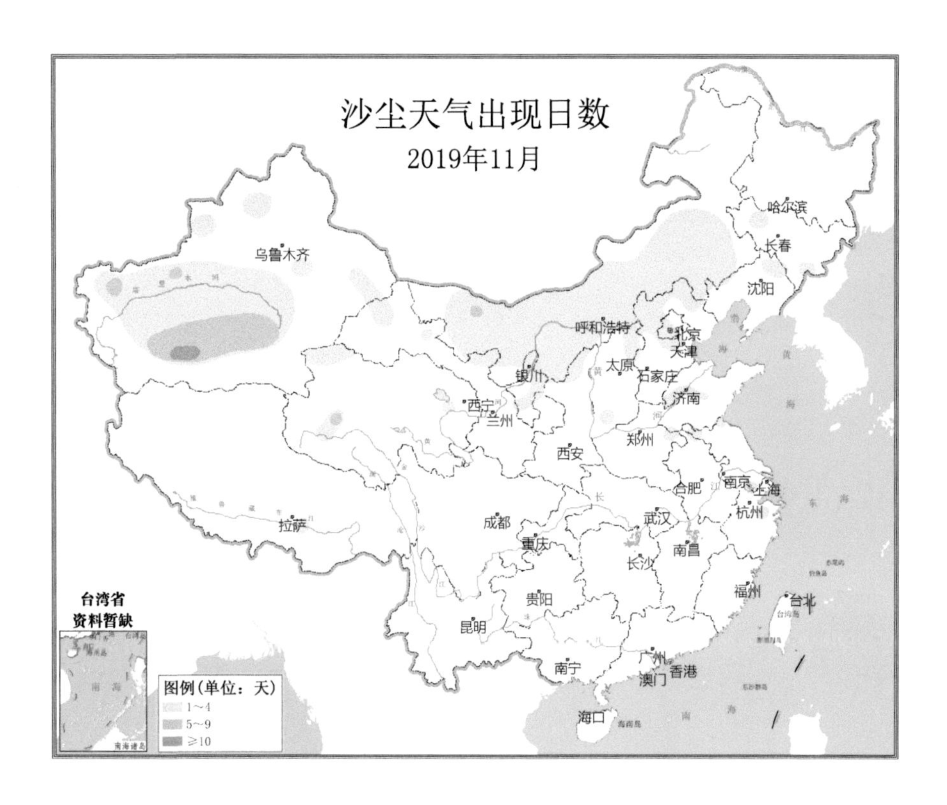
沙尘天气出现日数
2019年11月
乌鲁木齐
哈尔滨
长春
沈阳
呼和浩特
北京
天津
银川
太原
石家庄
西宁
兰州
济南
郑州
西安
合肥
南京
上海
杭州
拉萨
成都
武汉
重庆
长沙
南昌
贵阳
福州
台北
昆明
广州
南宁
澳门
香港
海口
台湾省
资料暂缺
图例（单位：天）
1~4
5~9
≥10

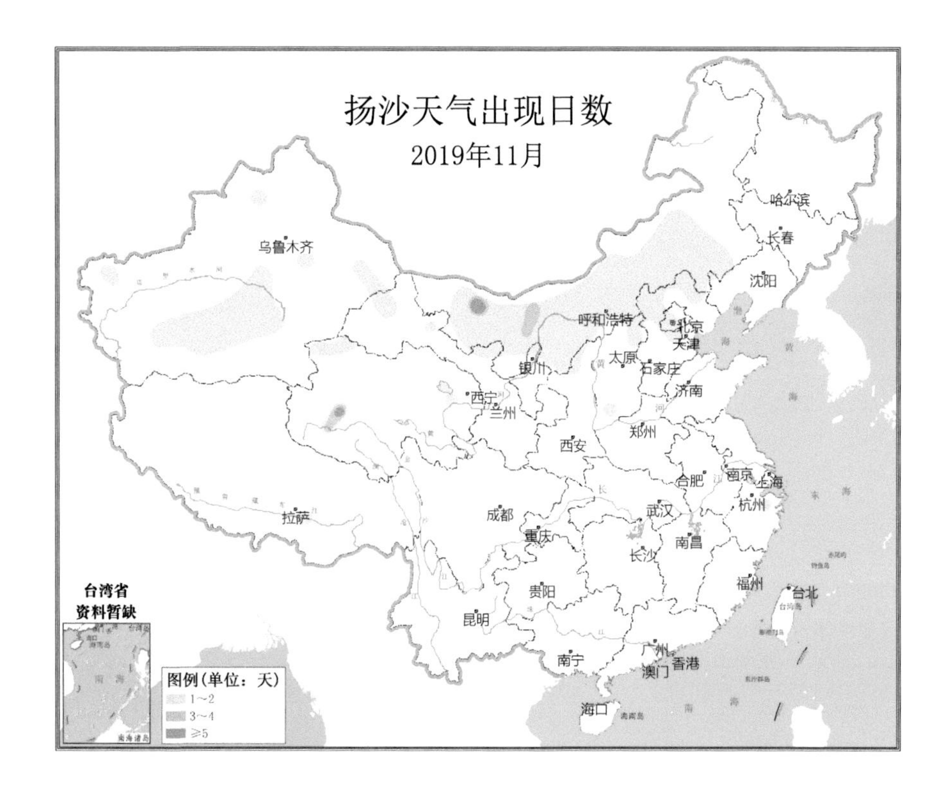
扬沙天气出现日数
2019年11月
乌鲁木齐
哈尔滨
长春
沈阳
呼和浩特
北京
天津
银川
太原
石家庄
西宁
兰州
济南
郑州
西安
合肥
南京
上海
杭州
拉萨
成都
武汉
重庆
长沙
南昌
贵阳
福州
台北
昆明
广州
南宁
澳门
香港
海口
台湾省
资料暂缺
图例（单位：天）
1~2
3~4
≥5

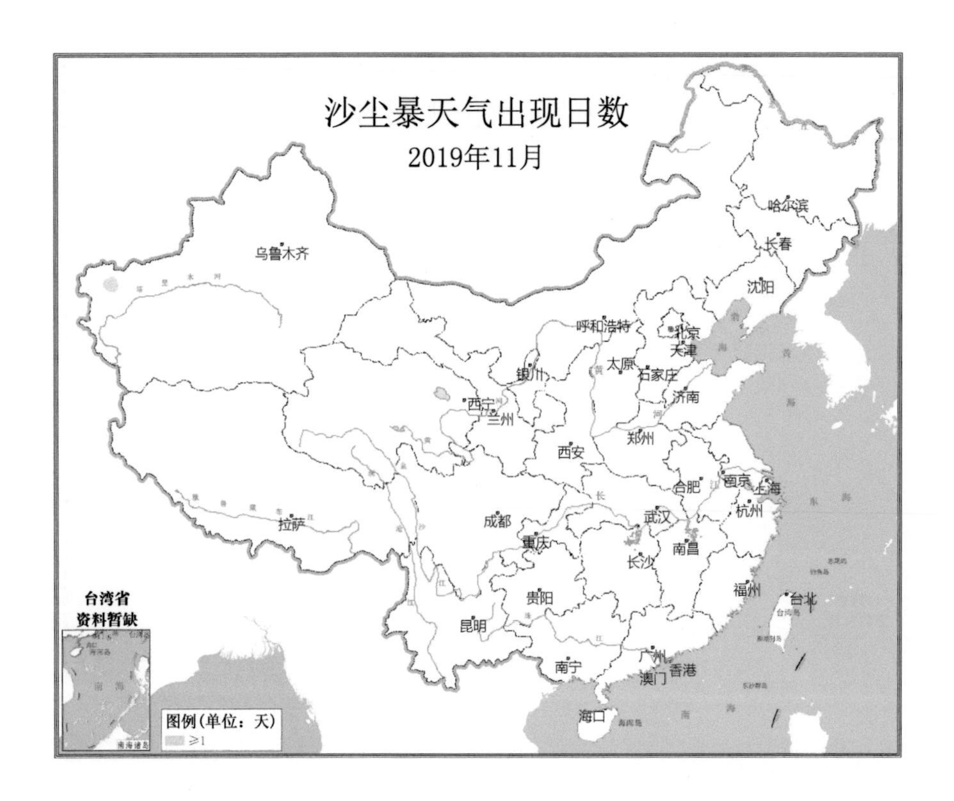
沙尘暴天气出现日数
2019年11月
乌鲁木齐
哈尔滨
长春
沈阳
呼和浩特
北京
天津
太原
石家庄
银川
西宁
兰州
济南
郑州
西安
合肥
南京
上海
拉萨
成都
武汉
杭州
重庆
长沙
南昌
福州
台北
贵阳
昆明
南宁
广州
澳门
香港
海口
台湾省
资料暂缺
图例(单位：天)
≥1

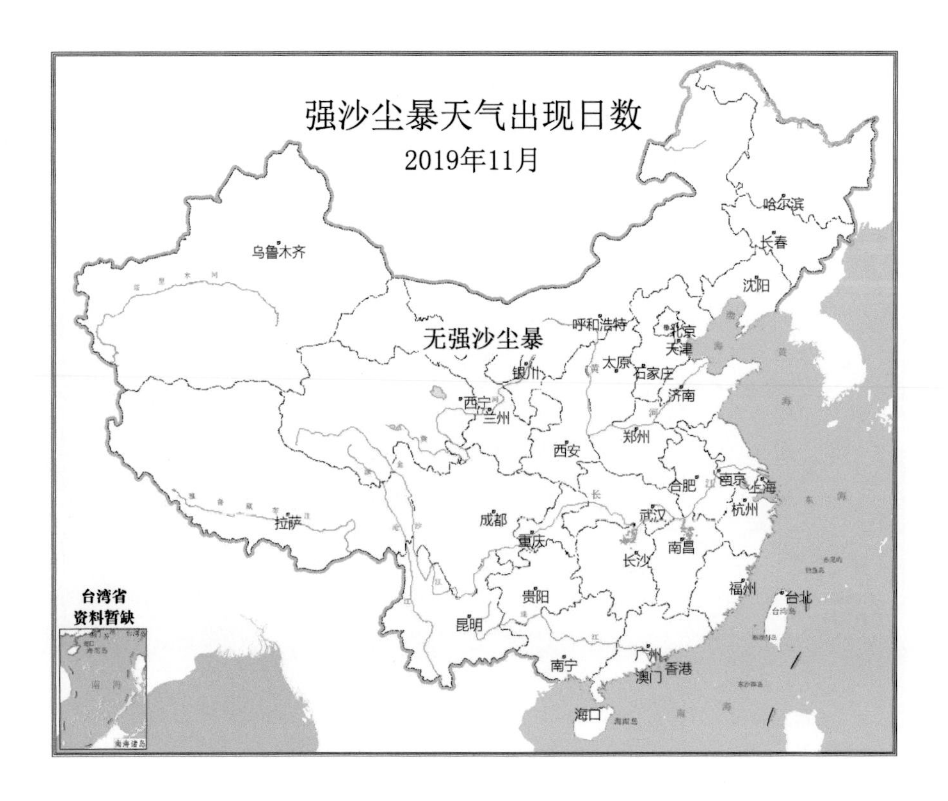
强沙尘暴天气出现日数
2019年11月
乌鲁木齐
哈尔滨
长春
沈阳
呼和浩特
北京
天津
无强沙尘暴
太原
石家庄
银川
西宁
兰州
济南
郑州
西安
合肥
南京
上海
拉萨
成都
武汉
杭州
重庆
长沙
南昌
福州
台北
贵阳
昆明
南宁
广州
澳门
香港
海口
台湾省
资料暂缺

沙尘天气出现日数
2019年12月
乌鲁木齐
哈尔滨
长春
沈阳
呼和浩特
北京
天津
银川
太原
石家庄
济南
西宁
兰州
郑州
西安
合肥
南京
上海
杭州
拉萨
成都
武汉
重庆
长沙
南昌
台北
福州
贵阳
昆明
南宁
广州
香港
澳门
海口
台湾省
资料暂缺
图例（单位：天）
1～2
≥3

扬沙天气出现日数
2019年12月
乌鲁木齐
哈尔滨
长春
沈阳
呼和浩特
北京
天津
银川
太原
石家庄
济南
西宁
兰州
郑州
西安
合肥
南京
上海
杭州
拉萨
成都
武汉
重庆
长沙
南昌
台北
福州
贵阳
昆明
南宁
广州
香港
澳门
海口
台湾省
资料暂缺
图例（单位：天）
1～2
≥3

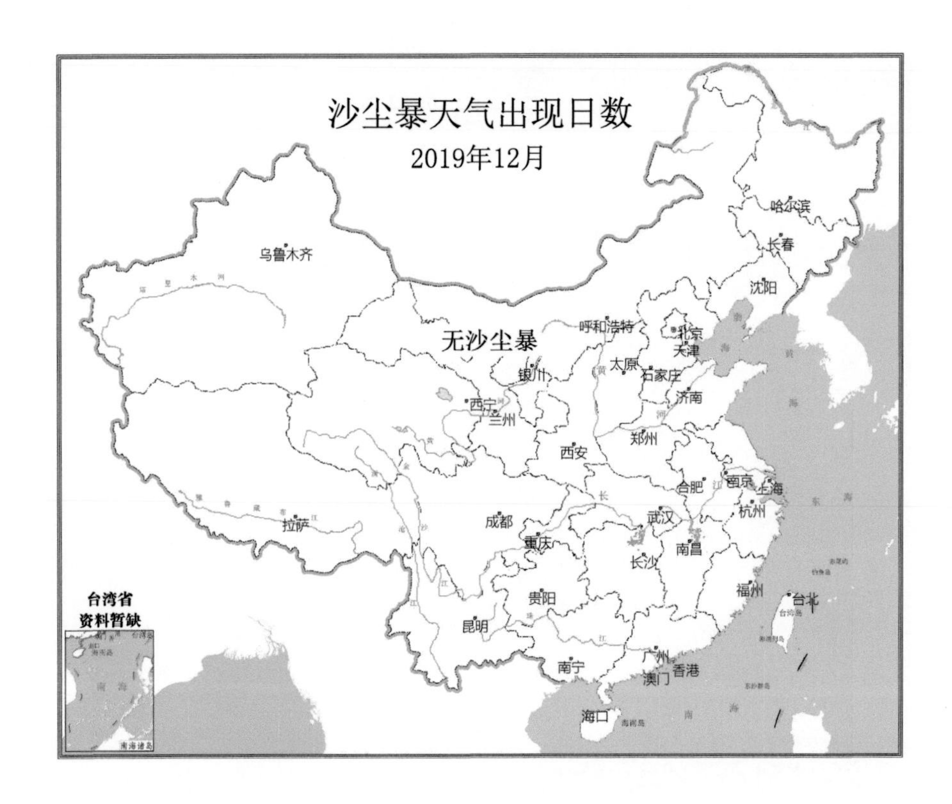
沙尘暴天气出现日数
2019年12月
无沙尘暴
乌鲁木齐
哈尔滨
长春
沈阳
呼和浩特
北京
天津
银川
太原
石家庄
西宁
兰州
济南
郑州
西安
合肥
南京
上海
拉萨
成都
武汉
杭州
重庆
南昌
长沙
福州
台北
贵阳
昆明
广州
南宁
香港
澳门
海口
台湾省
资料暂缺

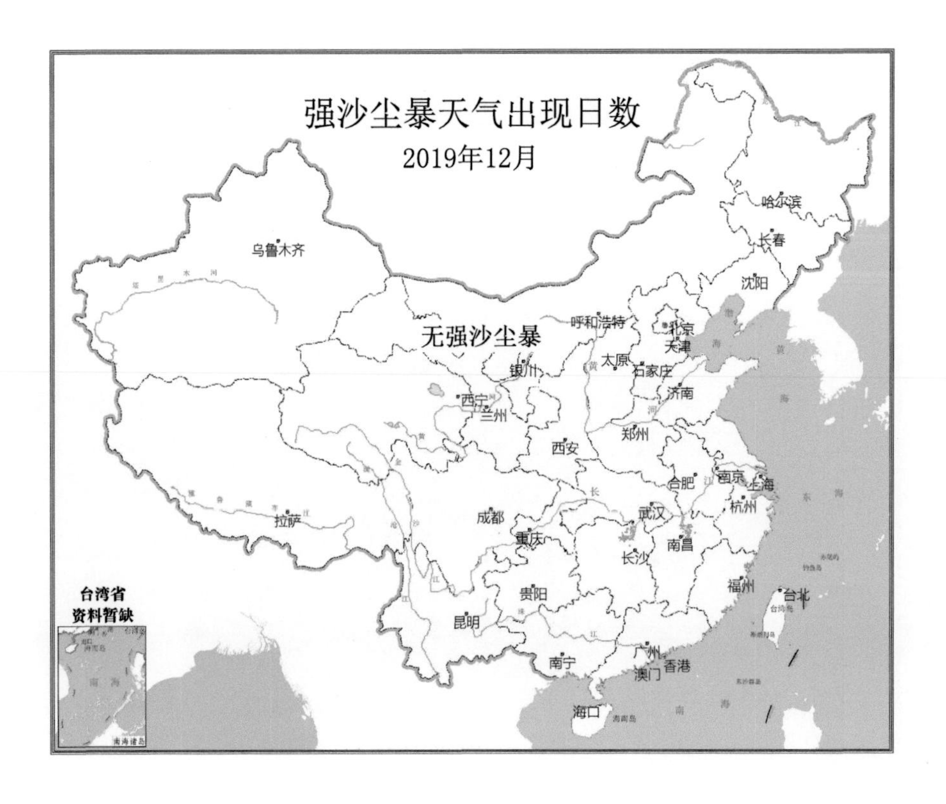
强沙尘暴天气出现日数
2019年12月
无强沙尘暴
乌鲁木齐
哈尔滨
长春
沈阳
呼和浩特
北京
天津
银川
太原
石家庄
西宁
兰州
济南
郑州
西安
合肥
南京
上海
拉萨
成都
武汉
杭州
重庆
南昌
长沙
福州
台北
贵阳
昆明
广州
南宁
香港
澳门
海口
台湾省
资料暂缺

5 2019年沙尘天气过程图表

5.1 3月19—24日强沙尘暴天气过程

5.1.1 沙尘天气过程描述

起止时间	3 月 19—24 日
类　型	强沙尘暴天气过程
最大风速（单位：m/s） 及出现站点	11 新疆：库米什
最小能见度（单位：km） 及出现地点	0.1 新疆：铁干里克
沙尘路径	偏西路径型
沙尘暴范围	新疆南疆盆地
强沙尘暴站点	新疆：且末、阿克苏
影响系统	地面冷锋、蒙古气旋

5.1.2 沙尘天气范围图

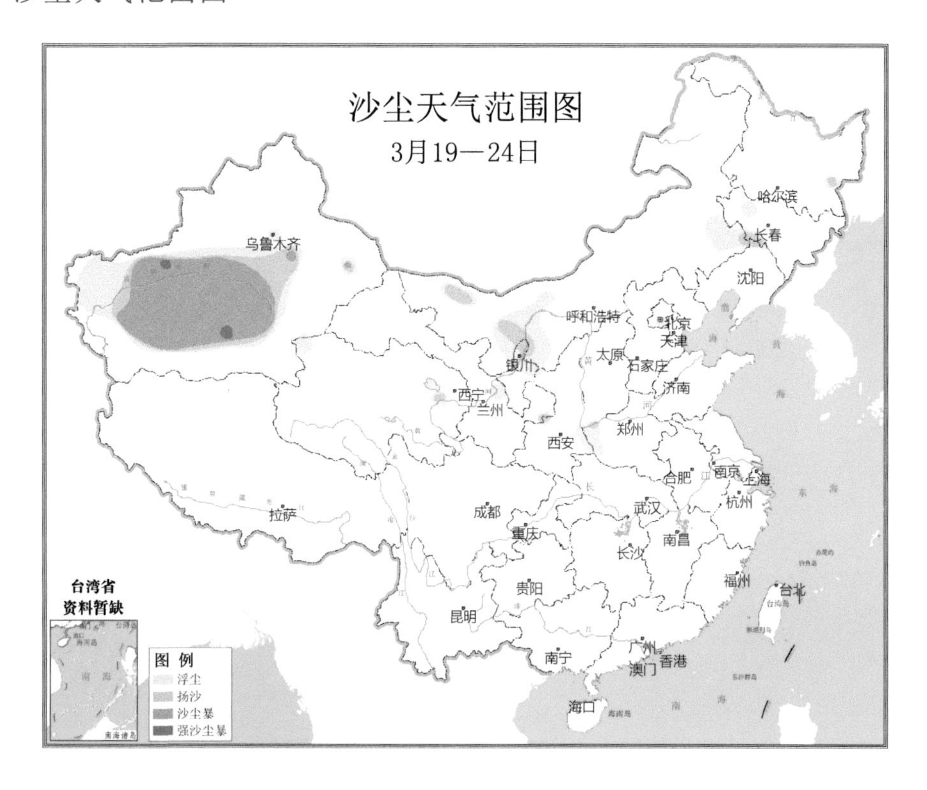

5.1.3 2019年3月19日20时500 hPa环流形势图

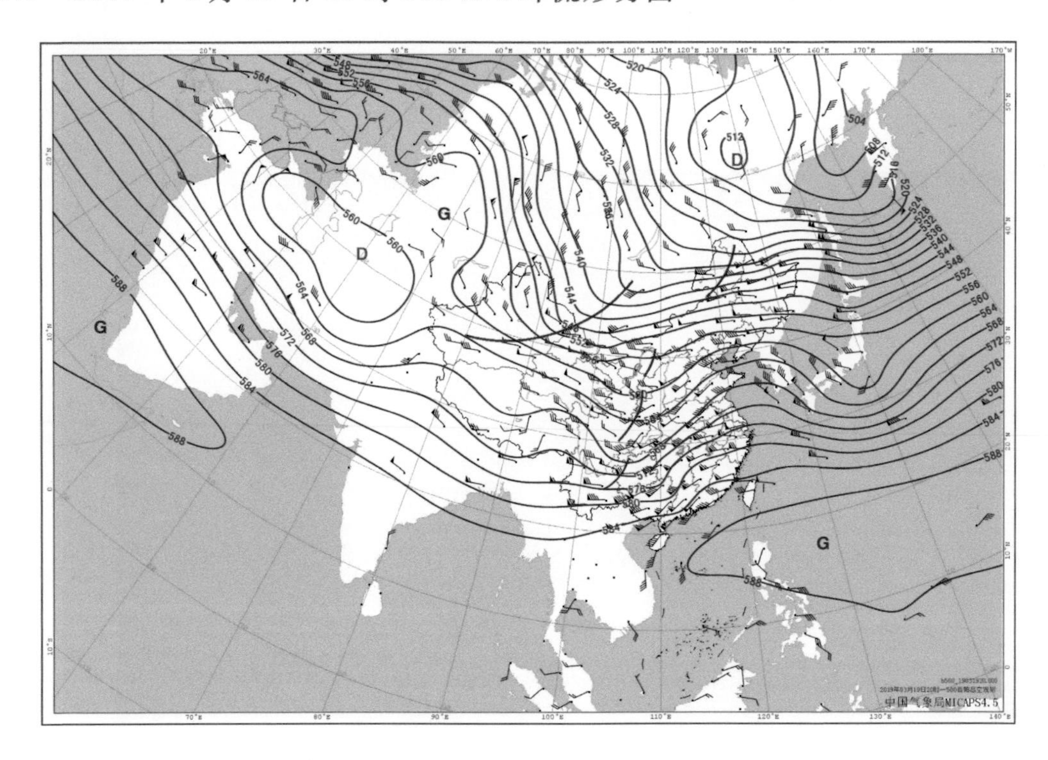

5.1.4 2019年3月19日20时地面天气图

5.1.5 气象卫星监测图

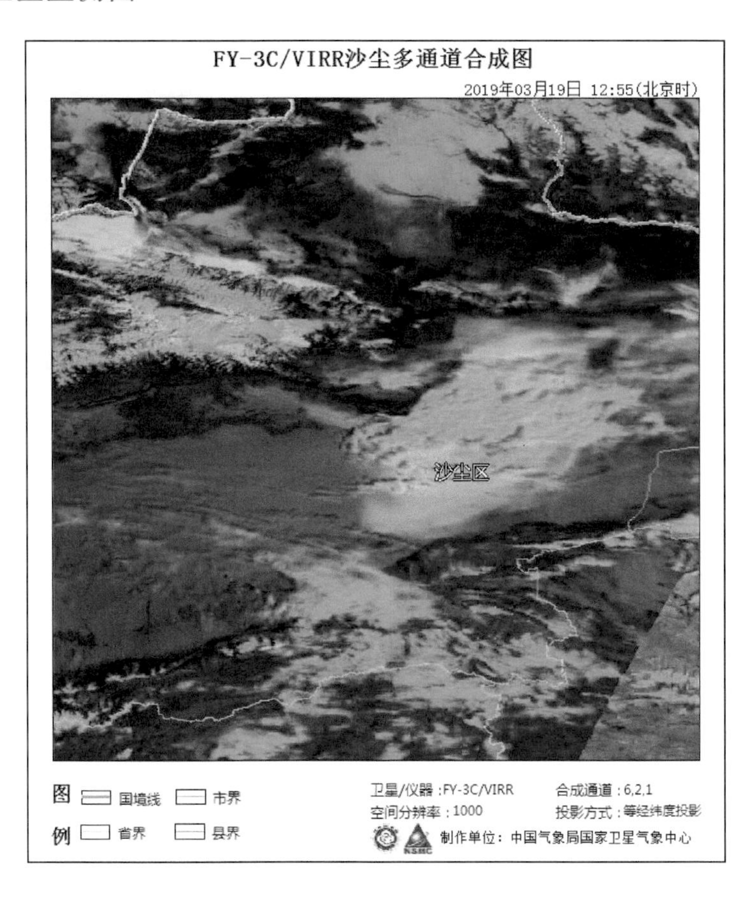
FY-3C/VIRR沙尘多通道合成图
2019年03月19日 12:55(北京时)
沙尘区
图例 国境线 市界 省界 县界
卫星/仪器:FY-3C/VIRR
合成通道:6,2,1
空间分辨率:1000
投影方式:等经纬度投影
制作单位:中国气象局国家卫星气象中心

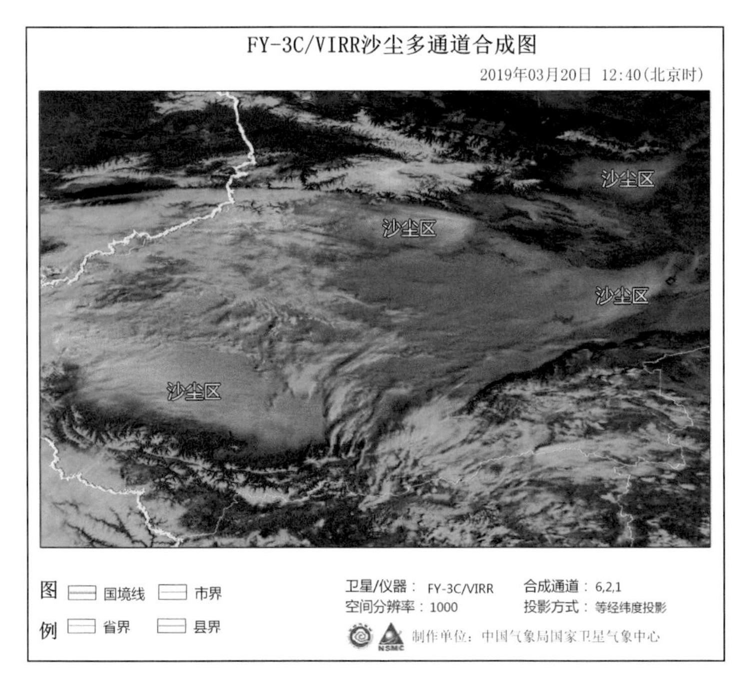
FY-3C/VIRR沙尘多通道合成图
2019年03月20日 12:40(北京时)
沙尘区
沙尘区
沙尘区
沙尘区
图例 国境线 市界 省界 县界
卫星/仪器: FY-3C/VIRR
合成通道: 6,2,1
空间分辨率: 1000
投影方式: 等经纬度投影
制作单位: 中国气象局国家卫星气象中心

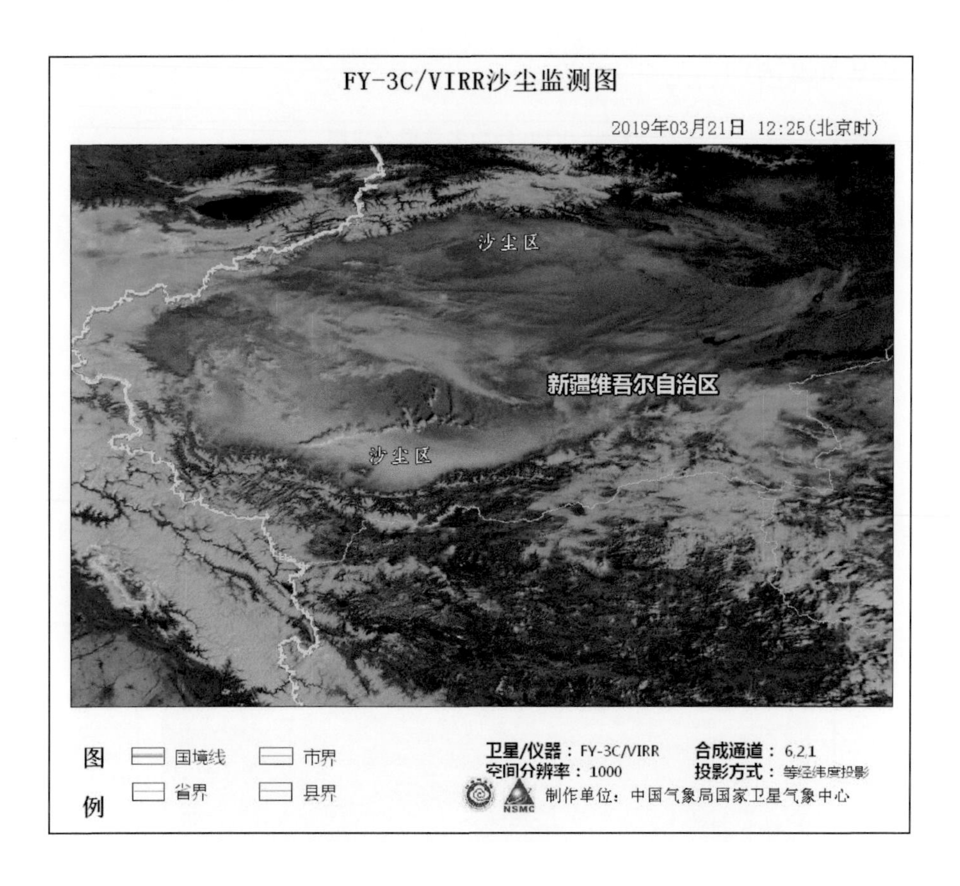

5.2 4月4—5日扬沙天气过程

5.2.1 沙尘天气过程描述

起止时间	4月4—5日
类　型	扬沙天气过程
最大风速（单位：m/s）及出现站点	16 内蒙古：巴林左旗
最小能见度(单位：km)及出现站点	0.8 新疆：且末
沙尘路径	偏西路径型
沙尘暴站点	新疆：且末
强沙尘暴站点	/
影响系统	地面冷锋、蒙古气旋

5.2.2 沙尘天气范围图

5.2.3 2019年4月4日20时500 hPa环流形势图

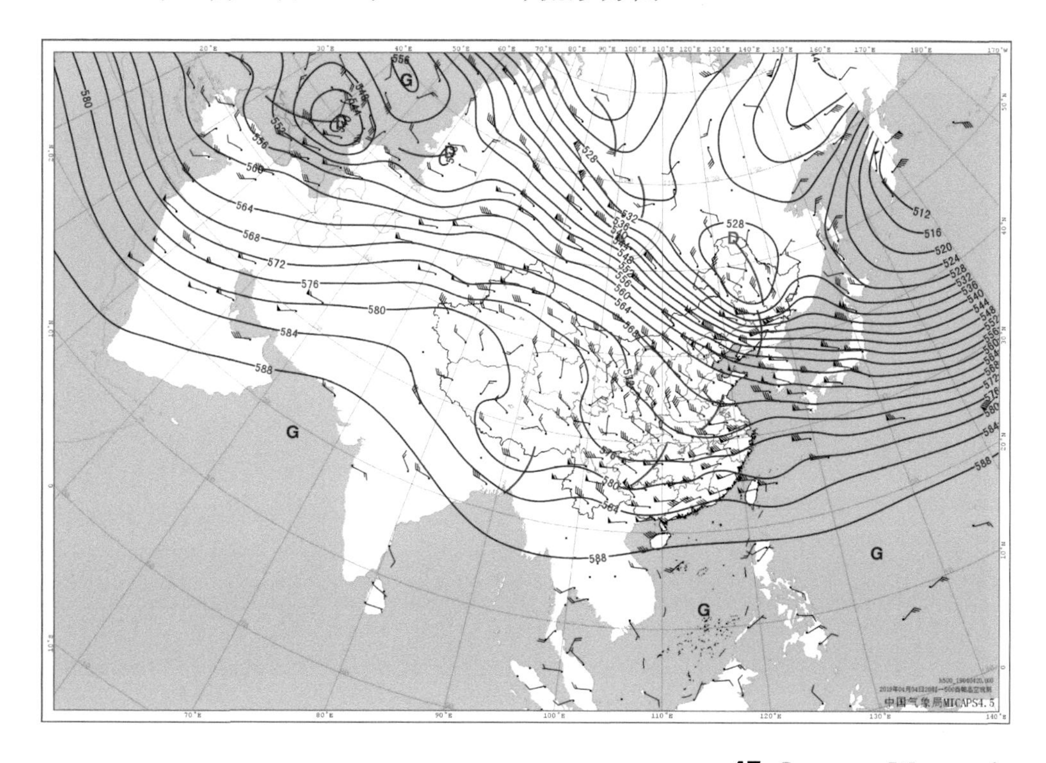

5.2.4 2019年4月4日20时地面天气图

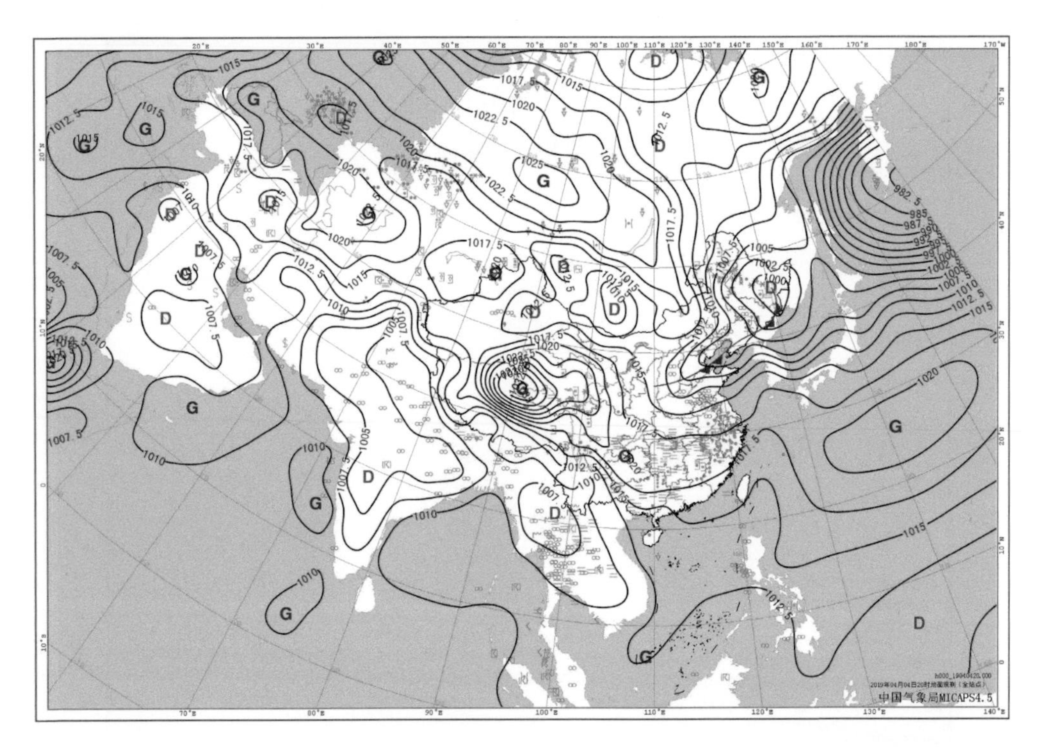

5.3 4月16日扬沙天气过程

5.3.1 沙尘天气过程描述

起止时间	4月16日
类　型	扬沙天气过程
最大风速(单位：m/s) 及出现站点	16 吉林：四平
最小能见度(单位：km) 及出现站点	2.4 吉林：双辽
沙尘路径	偏北路径型
沙尘暴站点	/
强沙尘暴站点	/
影响系统	蒙古气旋

5.3.2 沙尘天气范围图

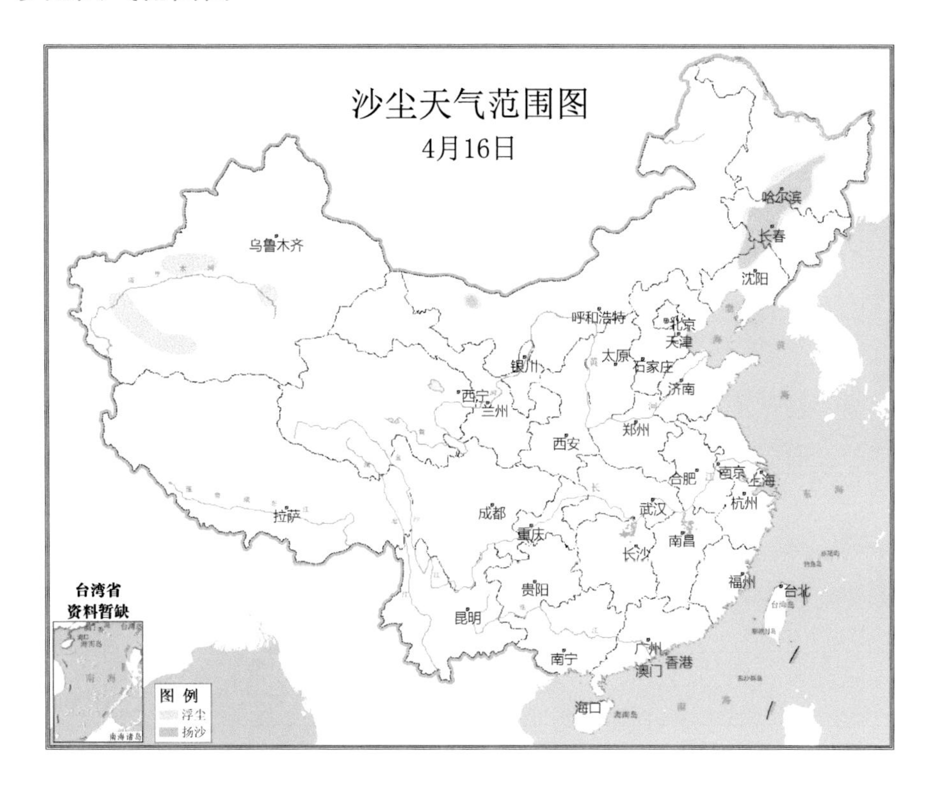

5.3.3 2019 年 4 月 16 日 20 时 500 hPa 环流形势图

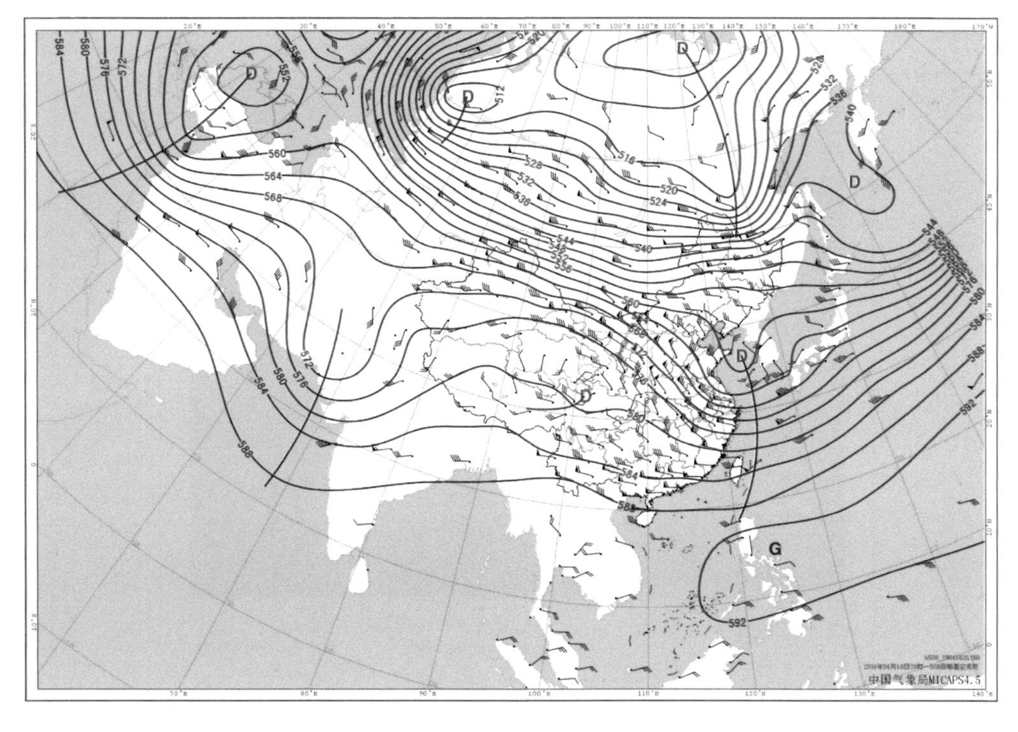

5.3.4 2019 年 4 月 16 日 20 时地面天气图

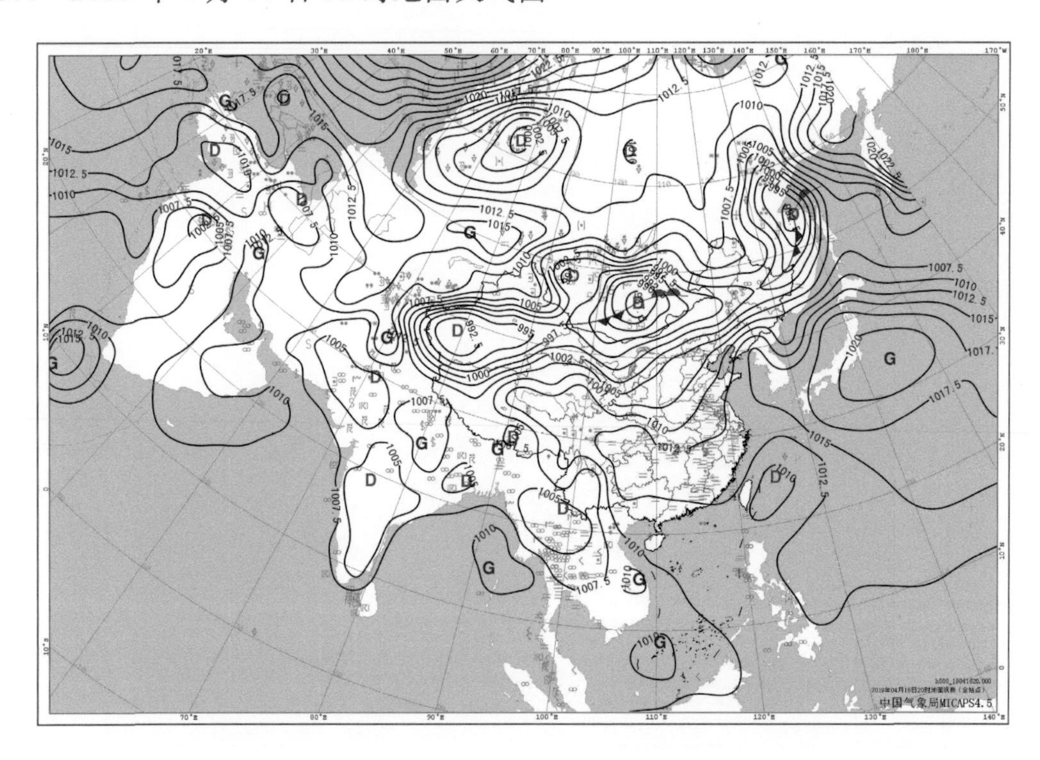

5.3.5 气象卫星监测图

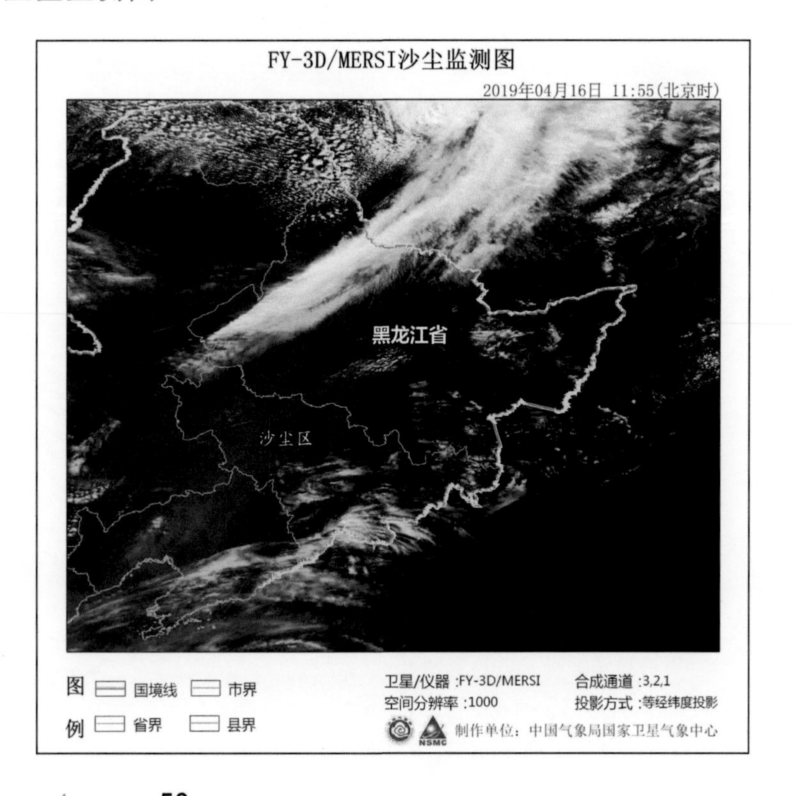

5.4 4月17日扬沙天气过程

5.4.1 沙尘天气过程描述

起止时间	4 月 17 日
类　型	扬沙天气过程
最大风速(单位：m/s) 及出现站点	20 内蒙古：巴林左旗
最小能见度(单位：km) 及出现站点	0.8 内蒙古：开鲁
沙尘路径	偏北路径型
沙尘暴站点	内蒙古：开鲁
强沙尘暴站点	/
影响系统	地面冷锋、蒙古气旋

5.4.2 沙尘天气范围图

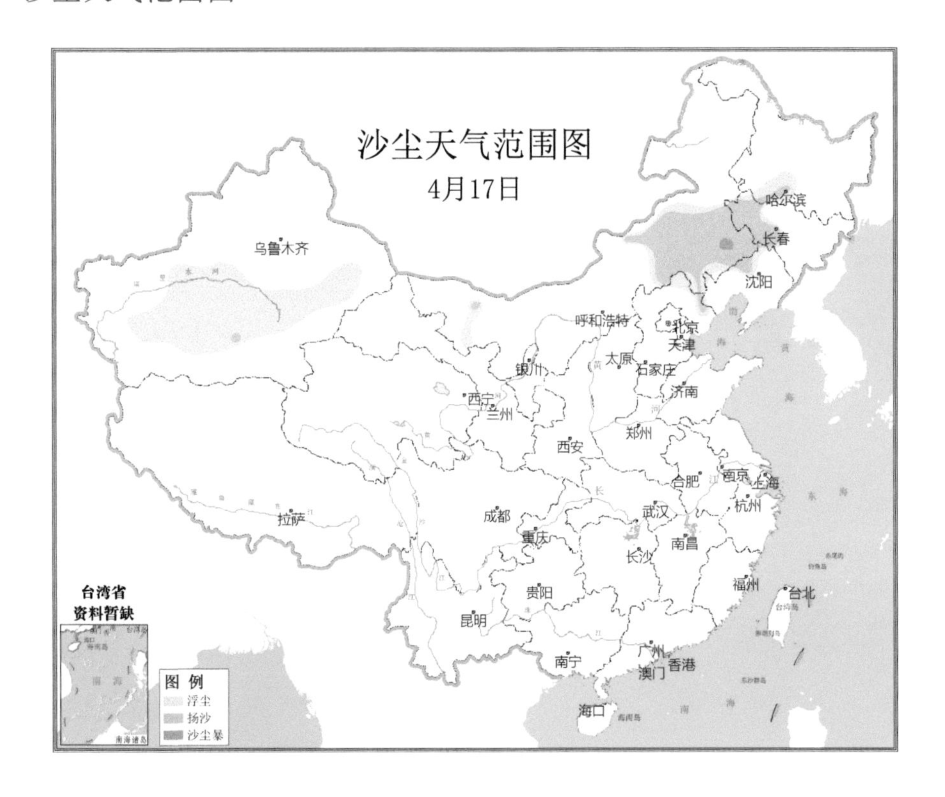

5.4.3 2019 年 4 月 17 日 08 时 500 hPa 环流形势图

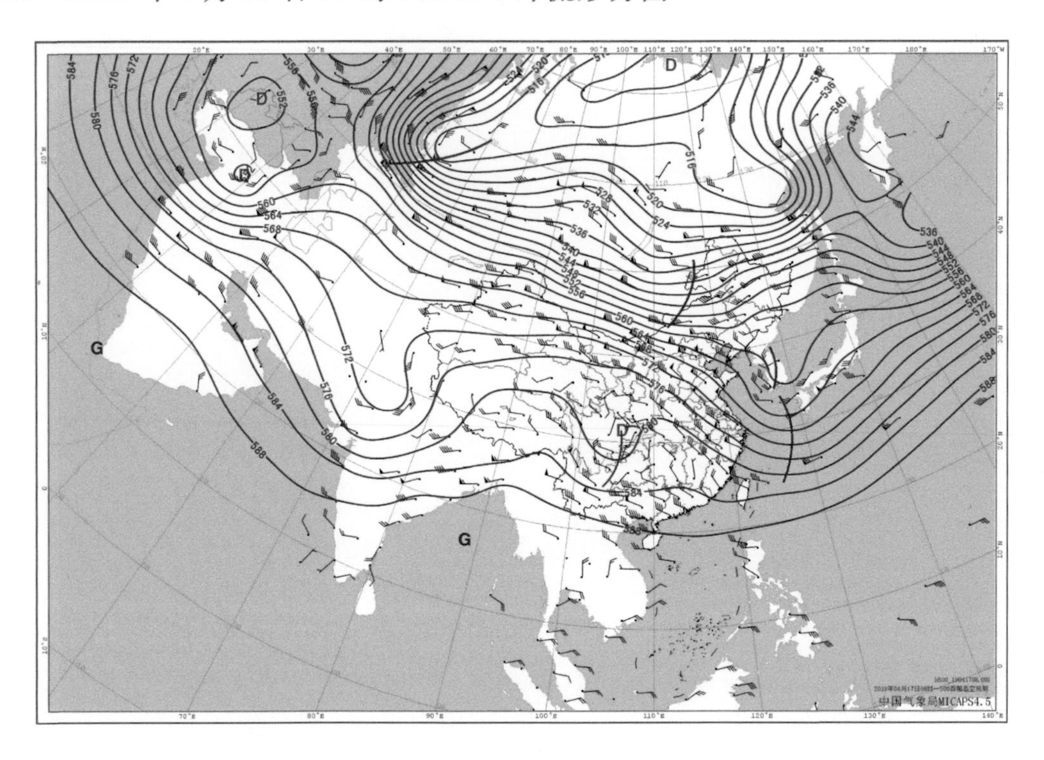

5.4.4 2019 年 4 月 17 日 08 时地面天气图

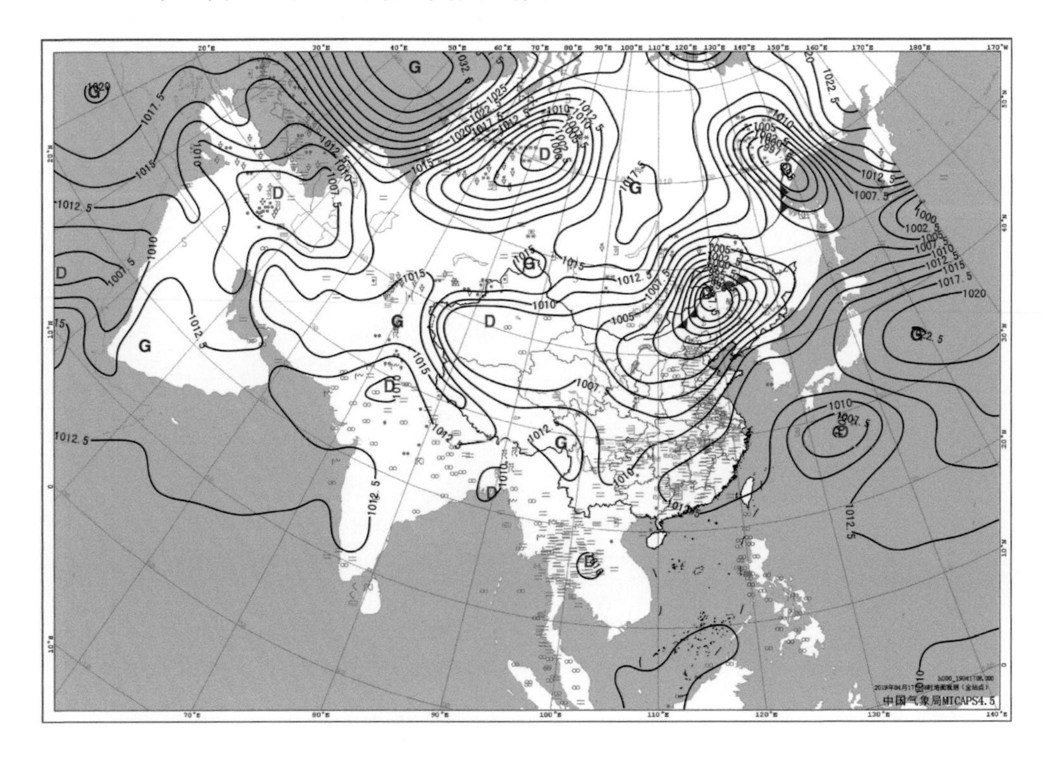

5.4.5 气象卫星监测图

5.5 4月20日扬沙天气过程

5.5.1 沙尘天气过程描述

起止时间	4 月 20 日
类　型	扬沙天气过程
最大风速(单位：m/s) 及出现站点	14 内蒙古：阿巴嘎旗、海拉尔、满洲里
最小能见度(单位：km) 及出现站点	1.1 内蒙古：拐子湖
沙尘路径	偏北路径型
沙尘暴站点	/
强沙尘暴站点	/
影响系统	地面冷锋

5.5.2 沙尘天气范围图

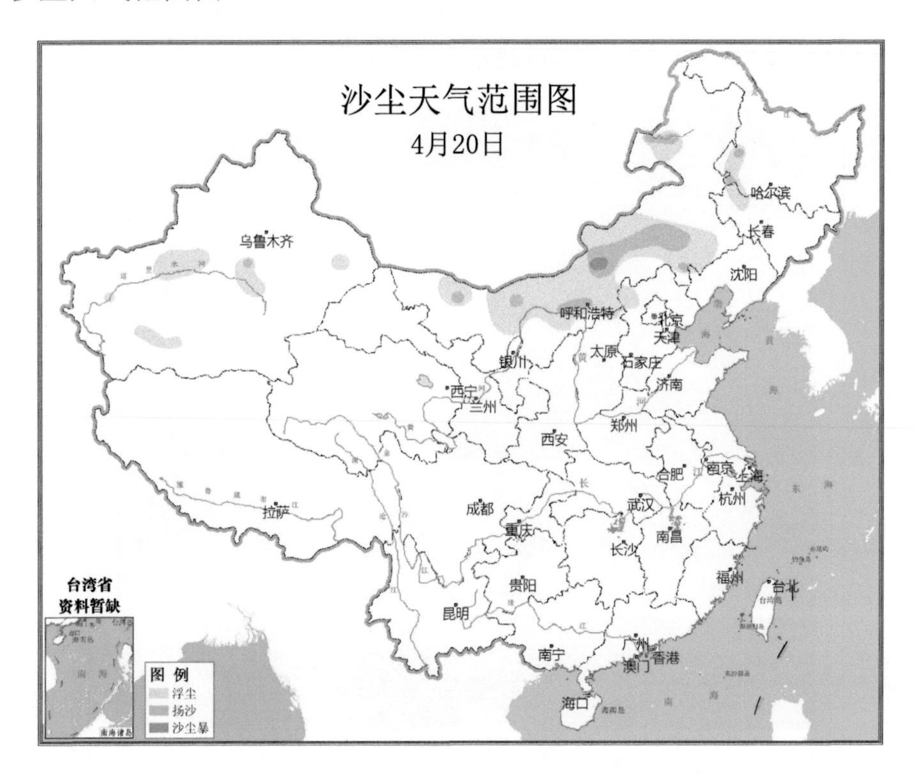

5.5.3 2019 年 4 月 20 日 08 时 500 hPa 环流形势图

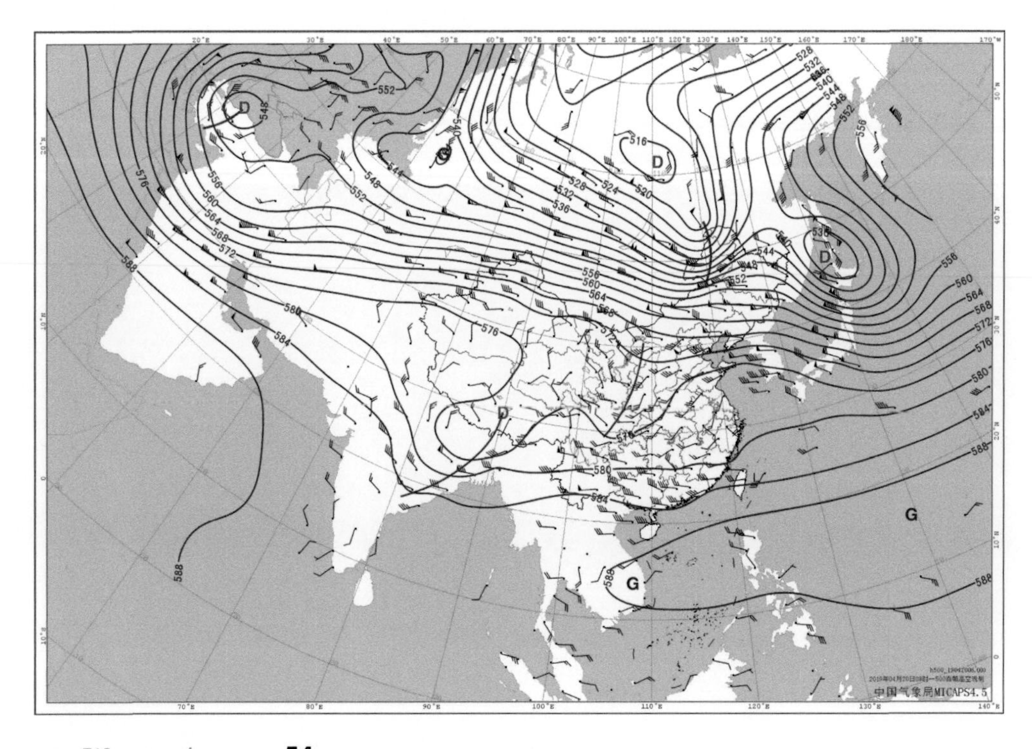

5.5.4　2019 年 4 月 20 日 08 时地面天气图

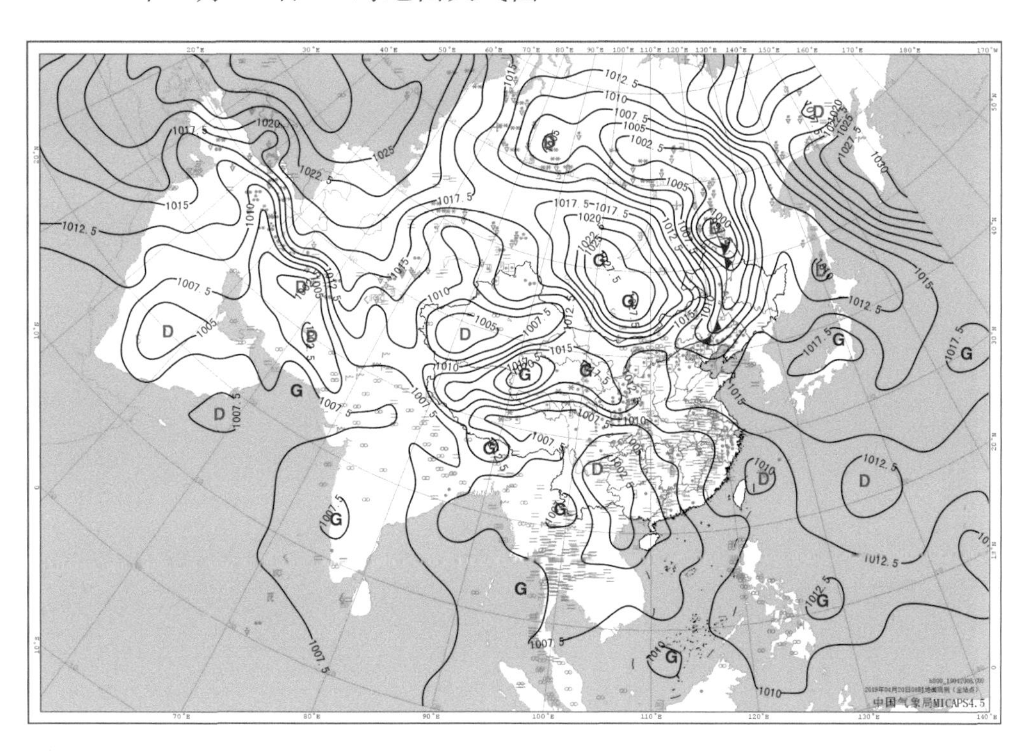

5.6　4月26—28日沙尘暴天气过程

5.6.1　沙尘天气过程描述

起止时间	4 月 26—28 日
类　型	沙尘暴天气过程
最大风速(单位：m/s) 及出现站点	13 内蒙古：拐子湖；青海：冷湖
最小能见度(单位：km) 及出现站点	0.1 新疆：若羌
沙尘路径	南疆盆地型
沙尘暴范围	新疆南疆盆地东南部、青海西北部
强沙尘暴站点	新疆：若羌
影响系统	地面冷锋

5.6.2 沙尘天气范围图

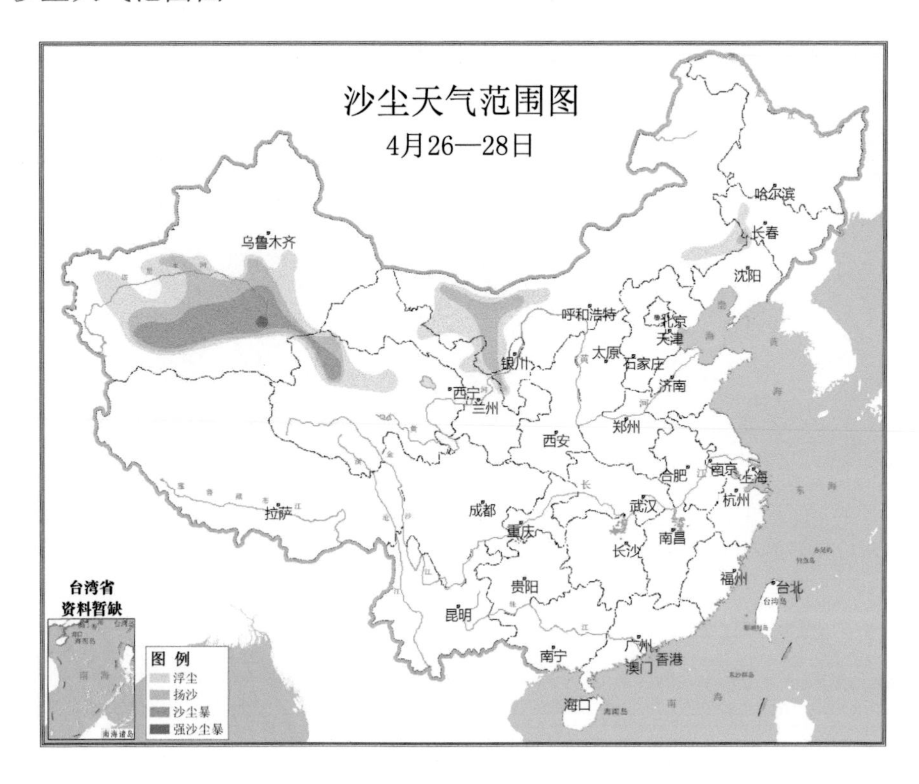

5.6.3 2019 年 4 月 26 日 20 时 500 hPa 环流形势图

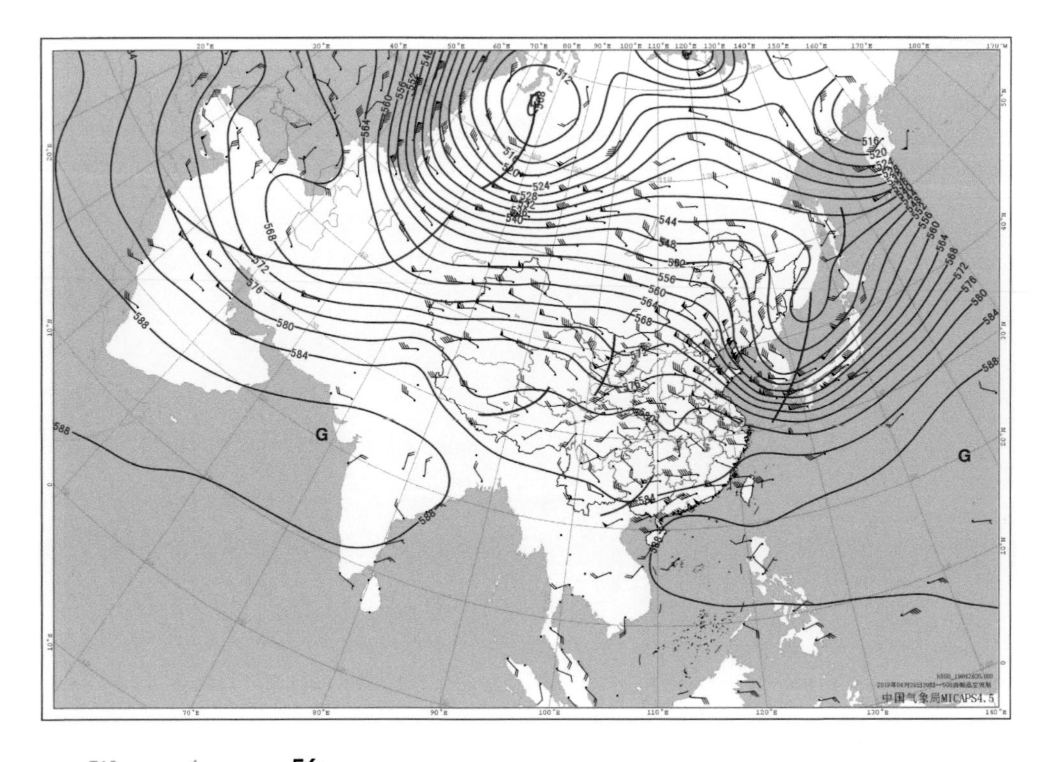

5.6.4 2019 年 4 月 26 日 20 时地面天气图

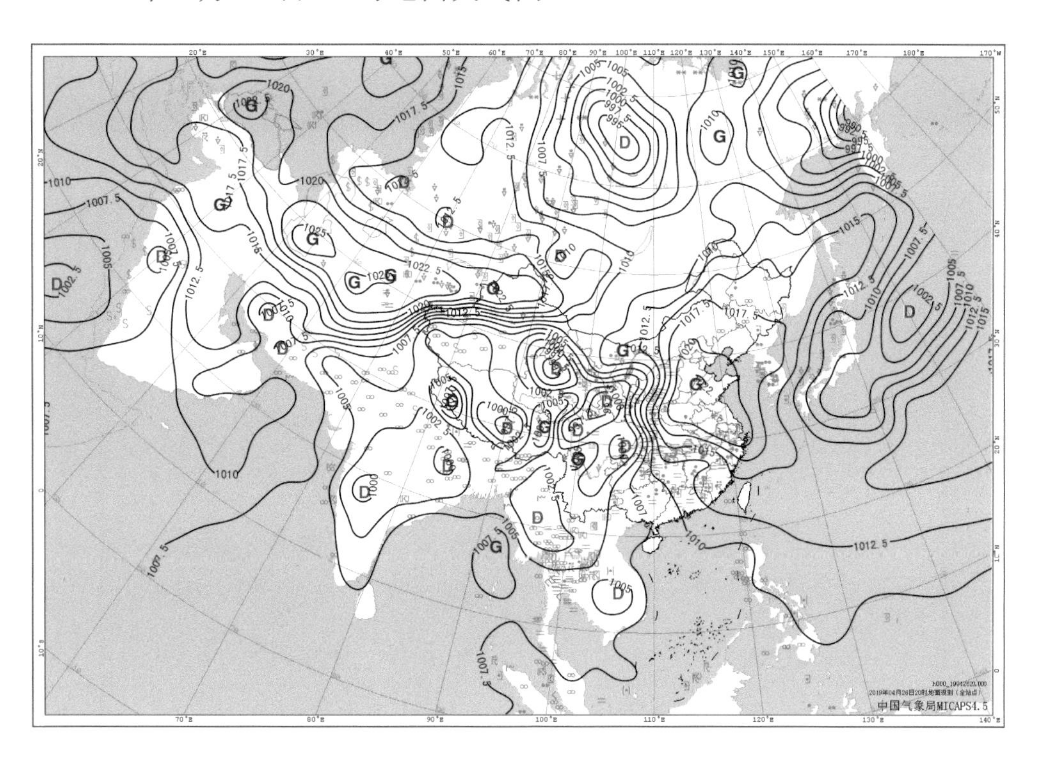

5.7 5月4—5日扬沙天气过程

5.7.1 沙尘天气过程描述

起止时间	5 月 4—5 日
类　型	扬沙天气过程
最大风速(单位：m/s) 及出现站点	15 内蒙古：拐子湖
最小能见度(单位：km) 及出现站点	0.2 新疆：皮山
沙尘路径	西北路径型
沙尘暴站点	内蒙古：拐子湖、额济纳旗； 新疆：且末、若羌
强沙尘暴站点	新疆：皮山、铁干里克
影响系统	地面冷锋

5.7.2 沙尘天气范围图

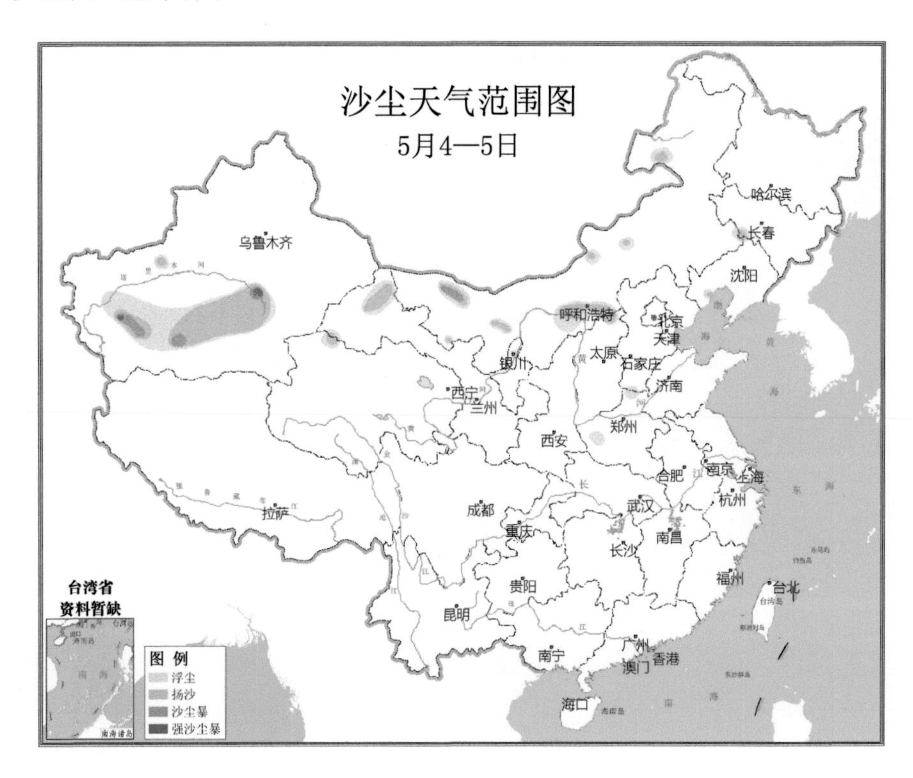

5.7.3 2019 年 5 月 4 日 20 时 500 hPa 环流形势图

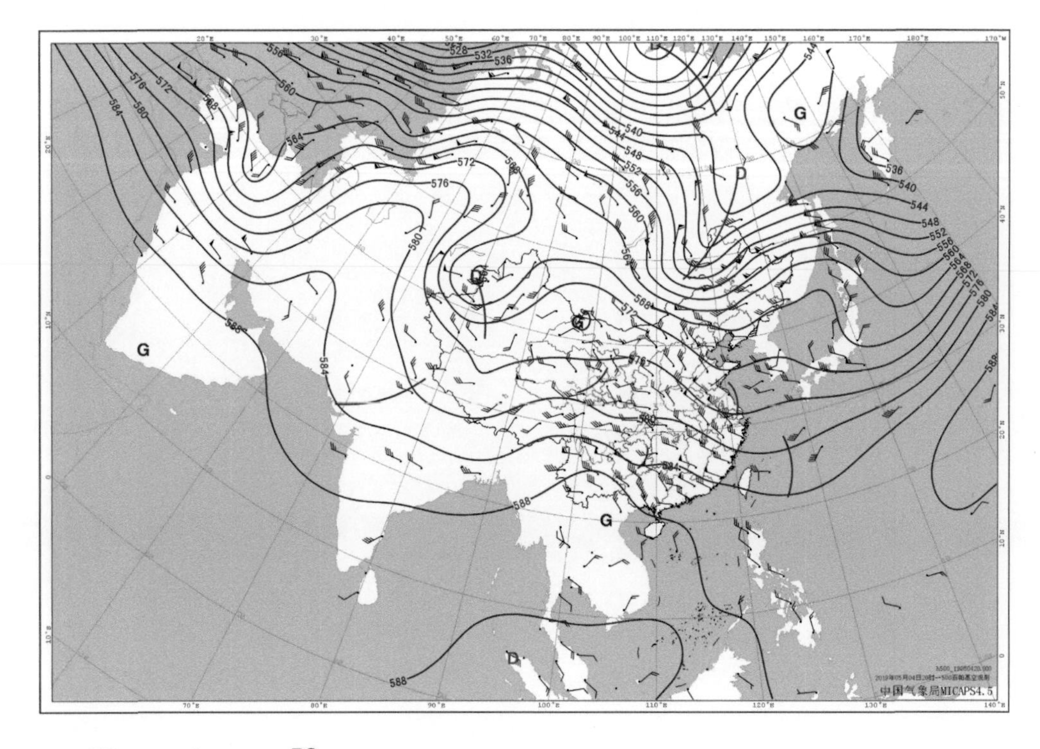

5.7.4 2019 年 5 月 4 日 20 时地面天气图

5.7.5 气象卫星监测图

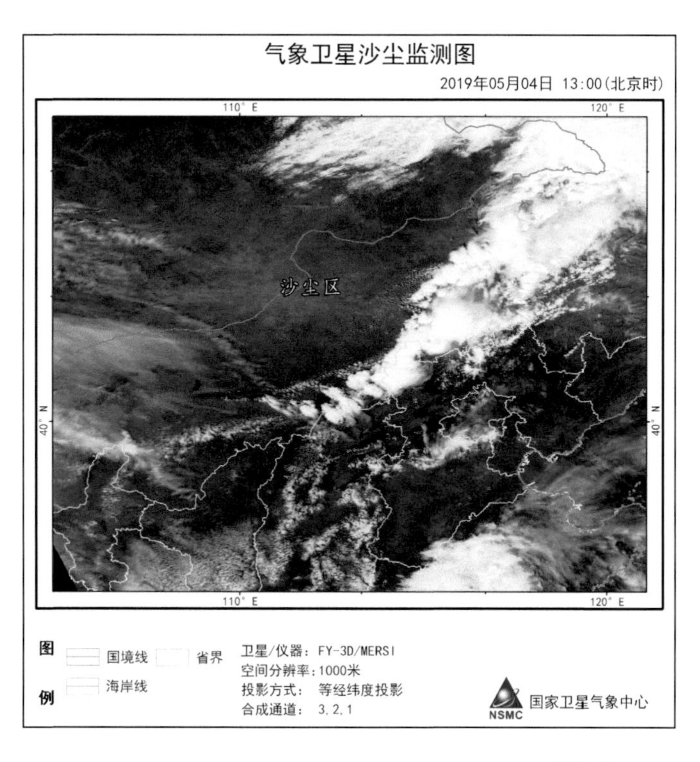

5.8 5月11—12日沙尘暴天气过程

5.8.1 沙尘天气过程描述

起止时间	5 月 11—12 日
类　型	沙尘暴天气过程
最大风速(单位：m/s) 及出现站点	18 内蒙古：二连浩特
最小能见度(单位：km) 及出现站点	0.2 内蒙古：拐子湖
沙尘路径	西北路径型
沙尘暴范围	新疆南疆盆地、内蒙古中西部
强沙尘暴范围	内蒙古中西部偏北
影响系统	地面冷锋、蒙古气旋

5.8.2 沙尘天气范围图

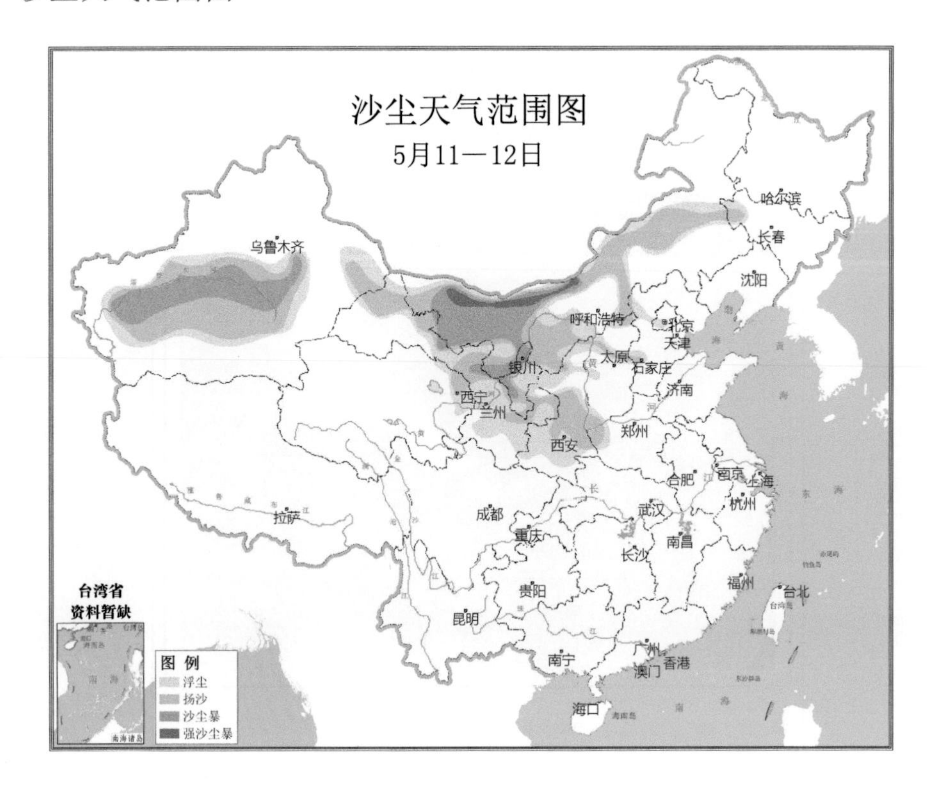

5.8.3　2019年5月11日20时500 hPa环流形势图

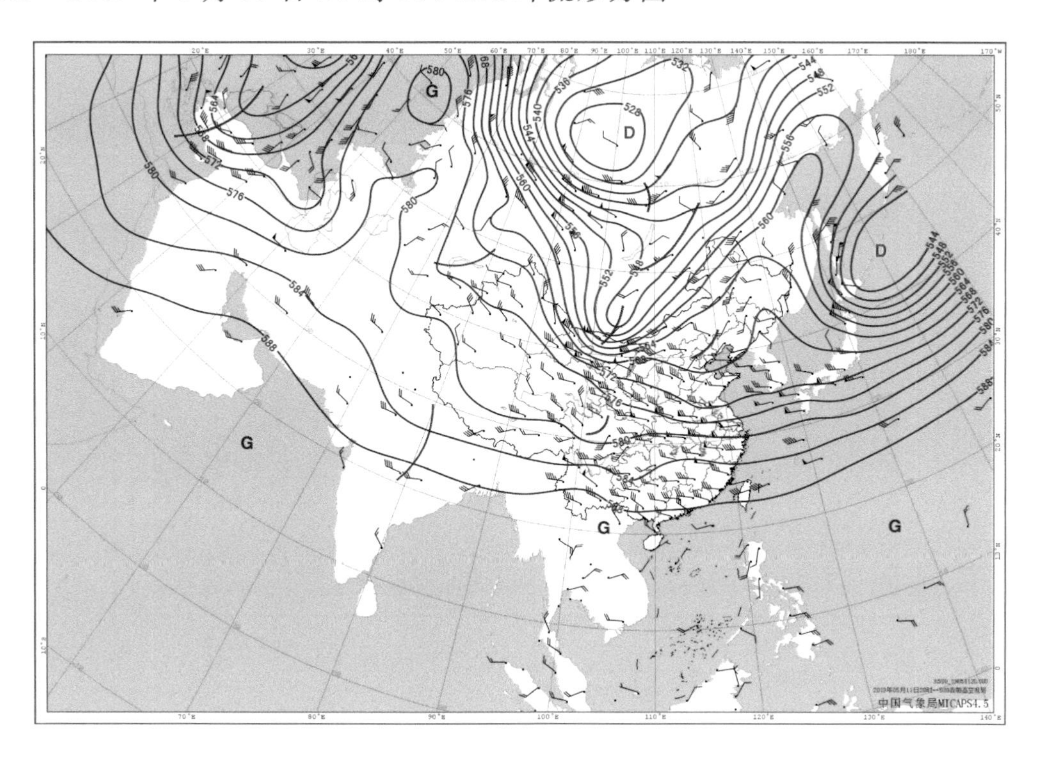

5.8.4　2019年5月11日20时地面天气图

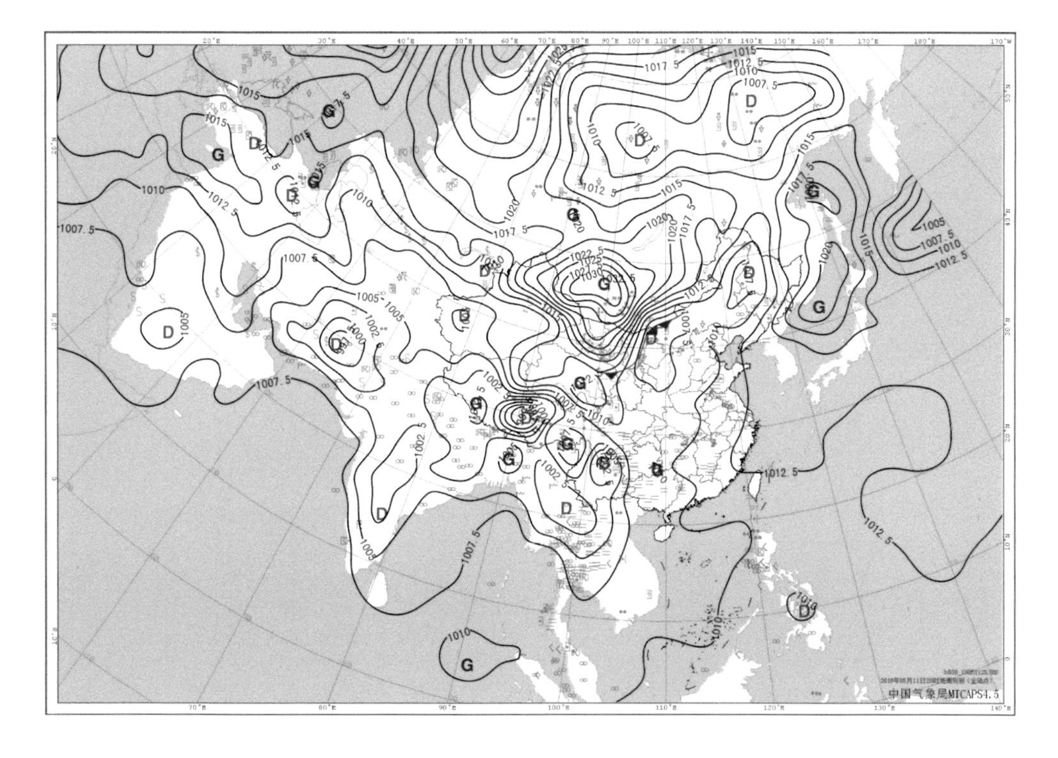

5.8.5 气象卫星监测图

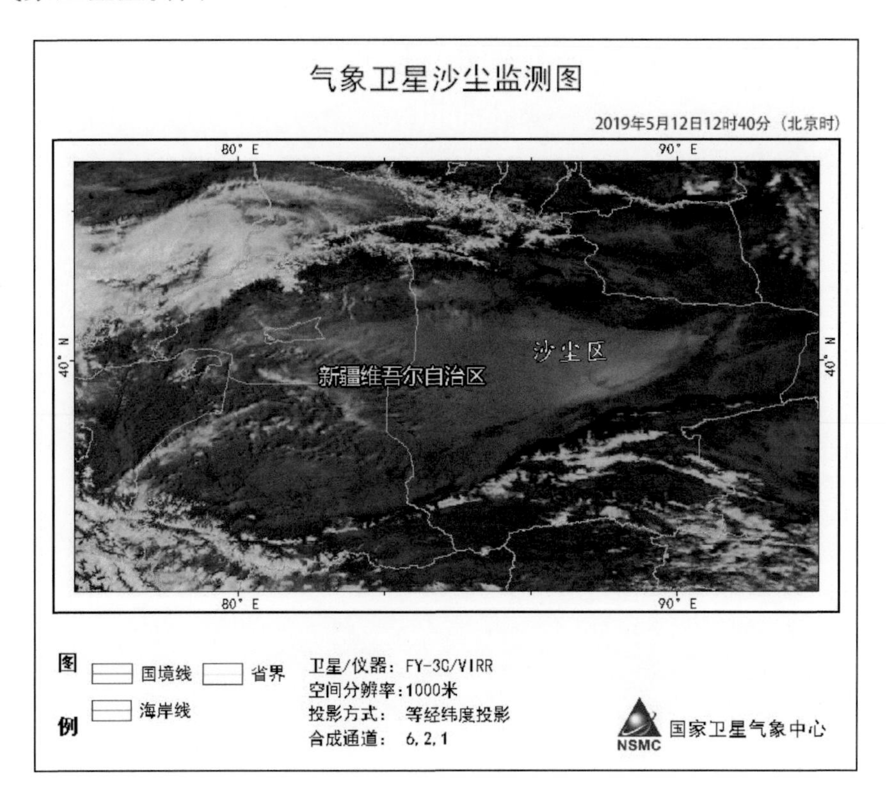

5.9 5月14—16日沙尘暴天气过程

5.9.1 沙尘天气过程描述

起止时间	5 月 14—16 日
类　型	沙尘暴天气过程
最大风速(单位：m/s) 及出现站点	19 内蒙古：阿巴嘎旗
最小能见度(单位：km) 及出现站点	0.3 内蒙古：阿拉善右旗
沙尘路径	西北路径型
沙尘暴范围	内蒙古中东部、宁夏北部、甘肃中部
强沙尘暴站点	/
影响系统	地面冷锋

5.9.2 沙尘天气范围图

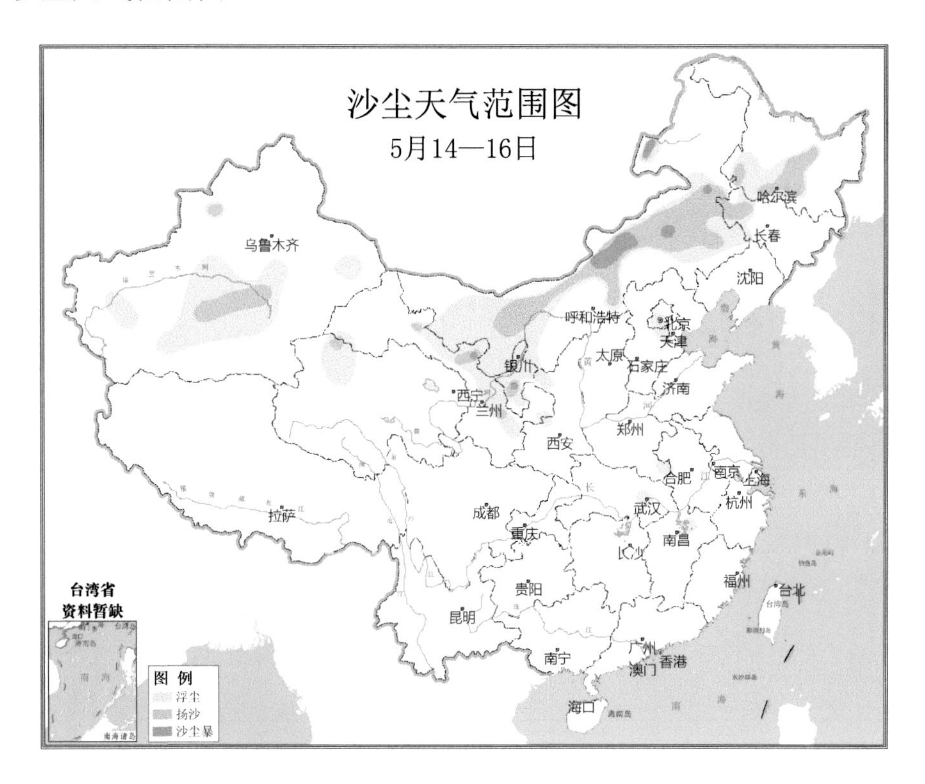

5.9.3 2019 年 5 月 15 日 20 时 500 hPa 环流形势图

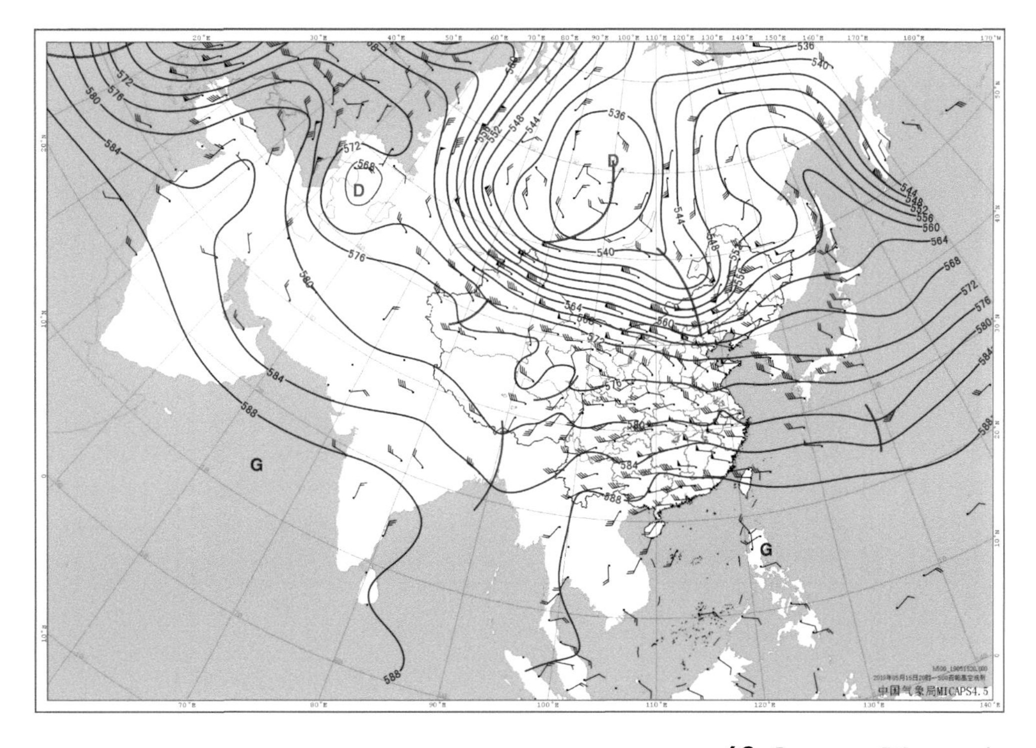

5.9.4 2019 年 5 月 15 日 20 时地面天气图

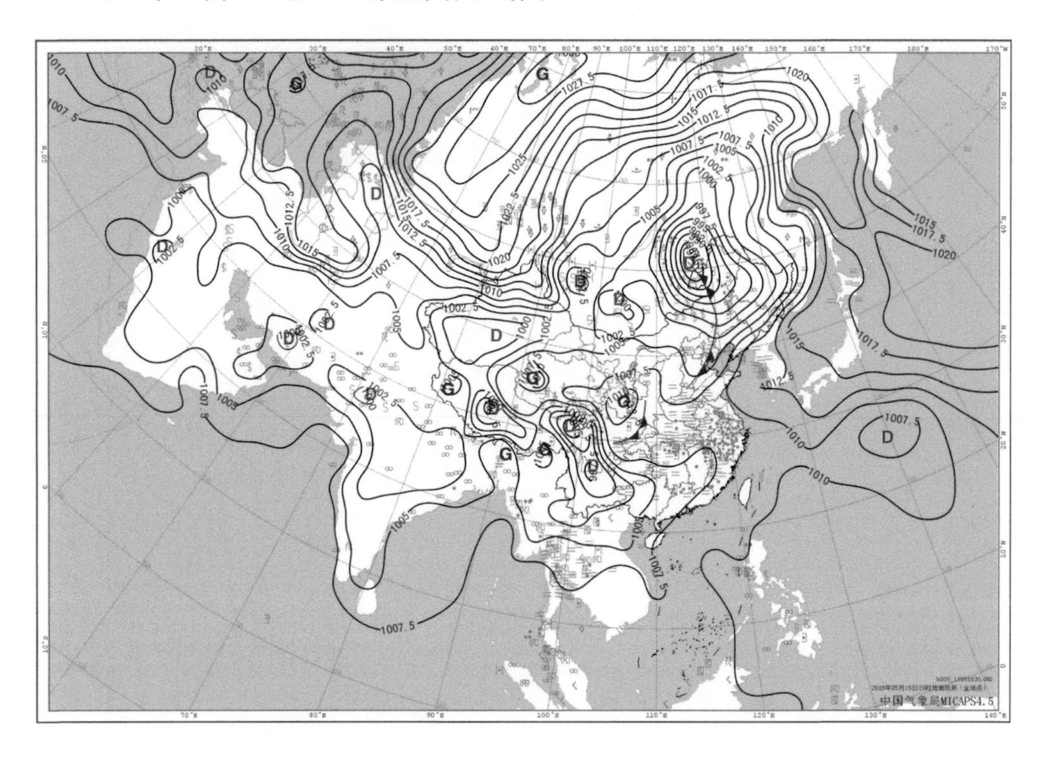

5.9.5 气象卫星监测图

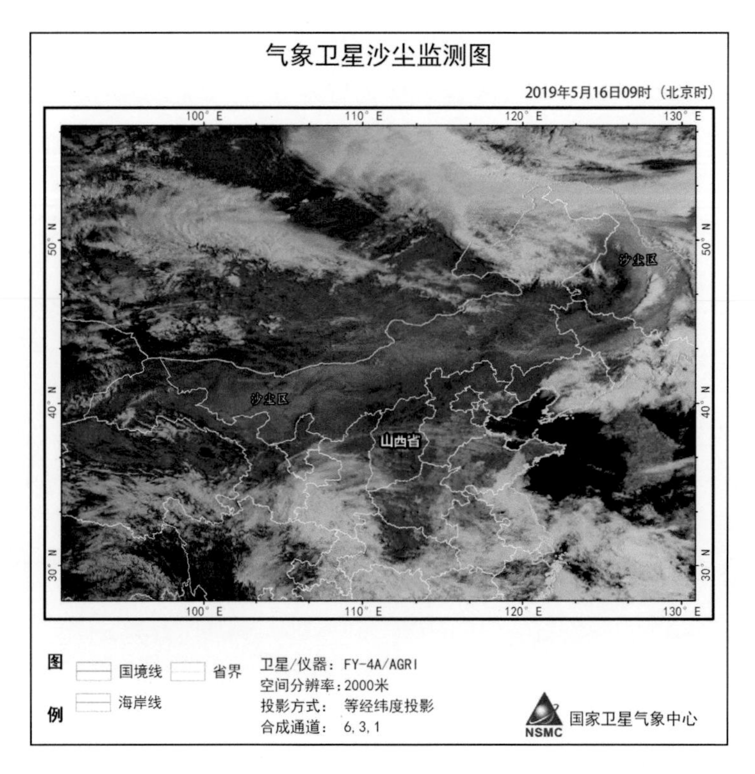

5.10 5月18—19日扬沙天气过程

5.10.1 沙尘天气过程描述

起止时间	5 月 18—19 日
类　型	扬沙天气过程
最大风速(单位：m/s) 及出现站点	12 新疆：且末
最小能见度(单位：km) 及出现站点	0.5 新疆：于田、且末、铁干里克
沙尘路径	偏西路径型
沙尘暴范围	新疆南疆盆地东南部
强沙尘暴站点	/
影响系统	地面冷锋、蒙古气旋

5.10.2 沙尘天气范围图

5.10.3 2019 年 5 月 18 日 20 时 500 hPa 环流形势图

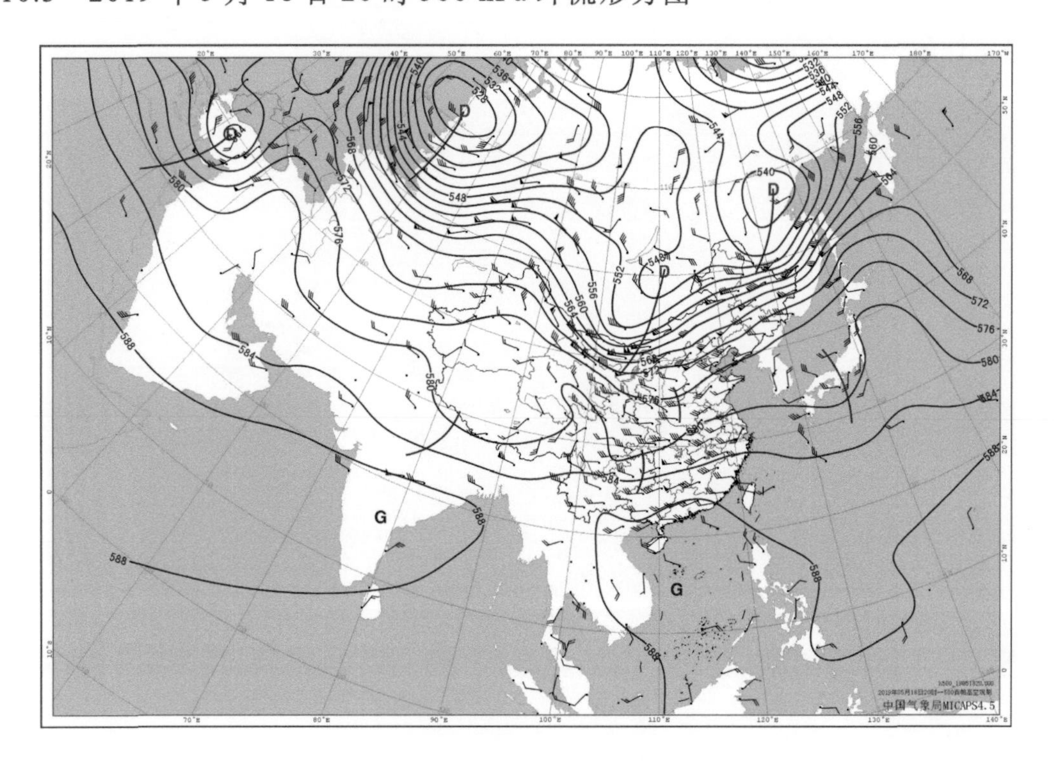

5.10.4 2019 年 5 月 18 日 20 时地面天气图

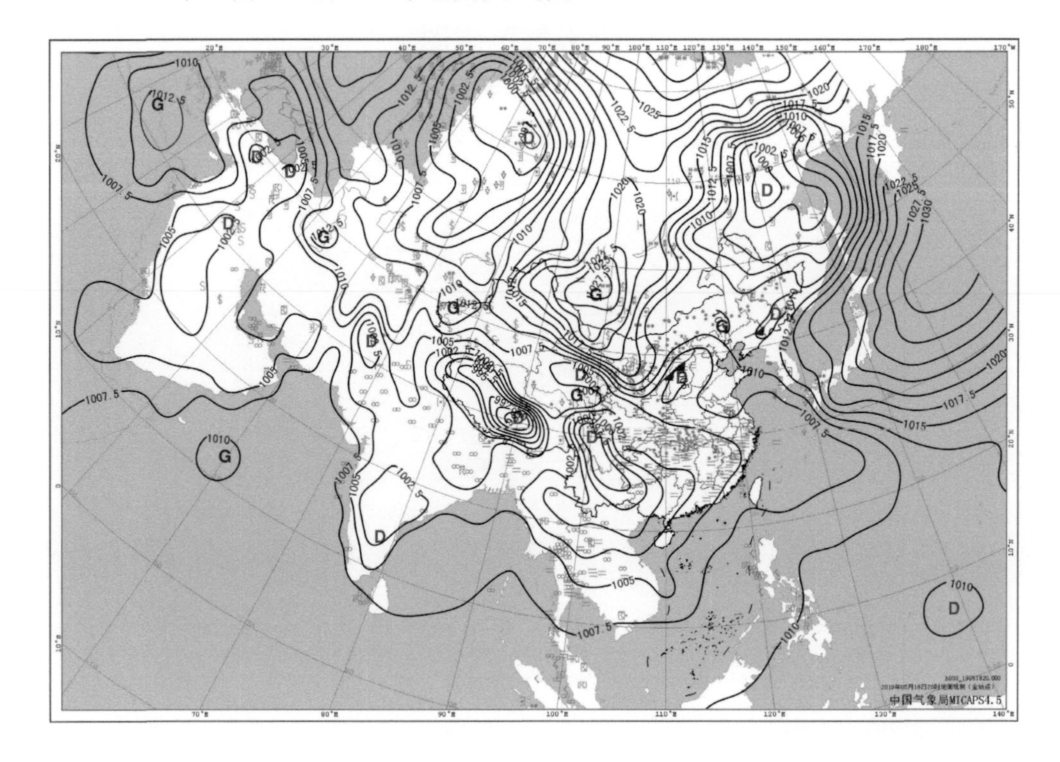

5.10.5 气象卫星监测图

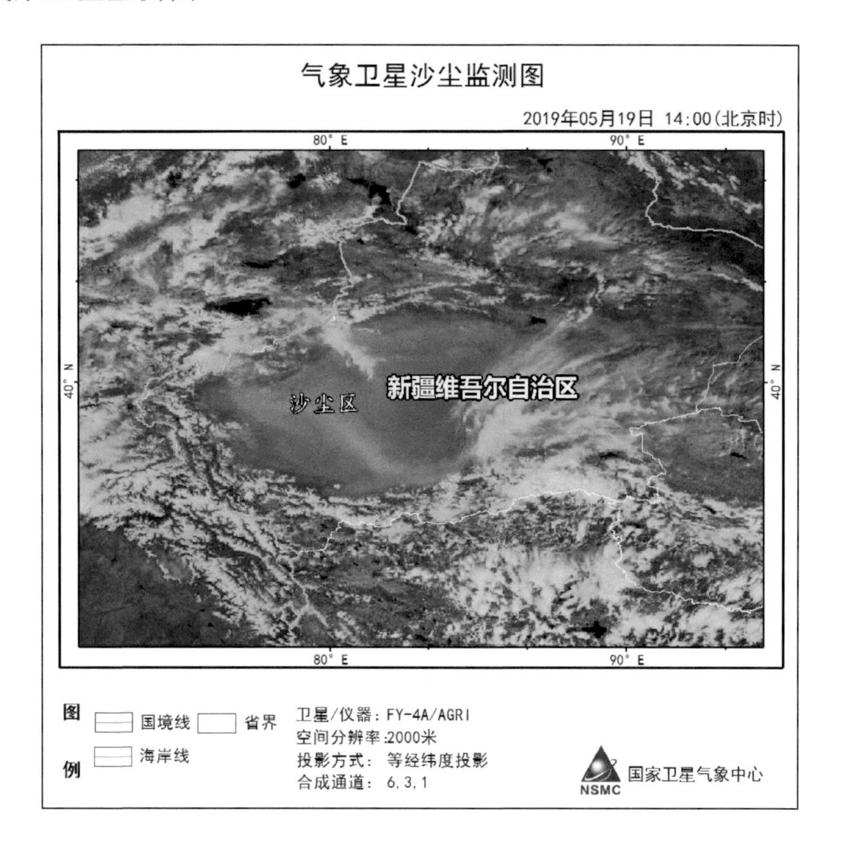

5.11 5月24—26日扬沙天气过程

5.11.1 沙尘天气过程描述

起止时间	5 月 24—26 日
类　型	扬沙天气过程
最大风速(单位：m/s) 及出现站点	13 青海：冷湖
最小能见度(单位：km) 及出现站点	0.3 新疆：于田、民丰
沙尘路径	偏西路径型
沙尘暴站点	新疆：于田；青海：冷湖
强沙尘暴范围	新疆南疆盆地东南部、青海西北部
影响系统	地面冷锋、蒙古气旋

5.11.2　沙尘天气范围图

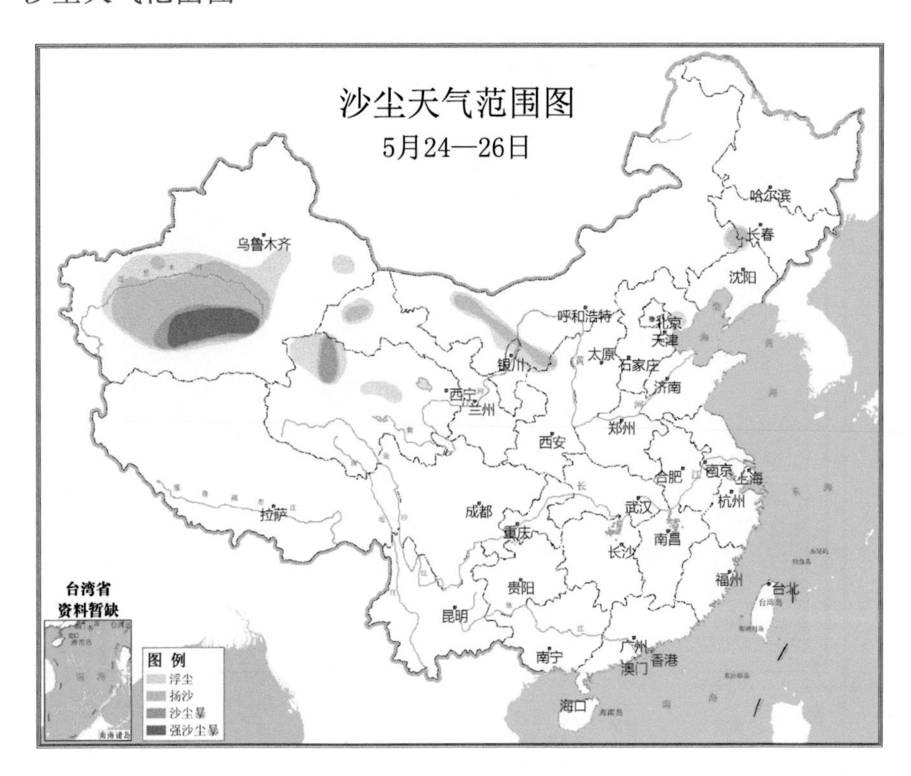

5.11.3　2019 年 5 月 24 日 20 时 500 hPa 环流形势图

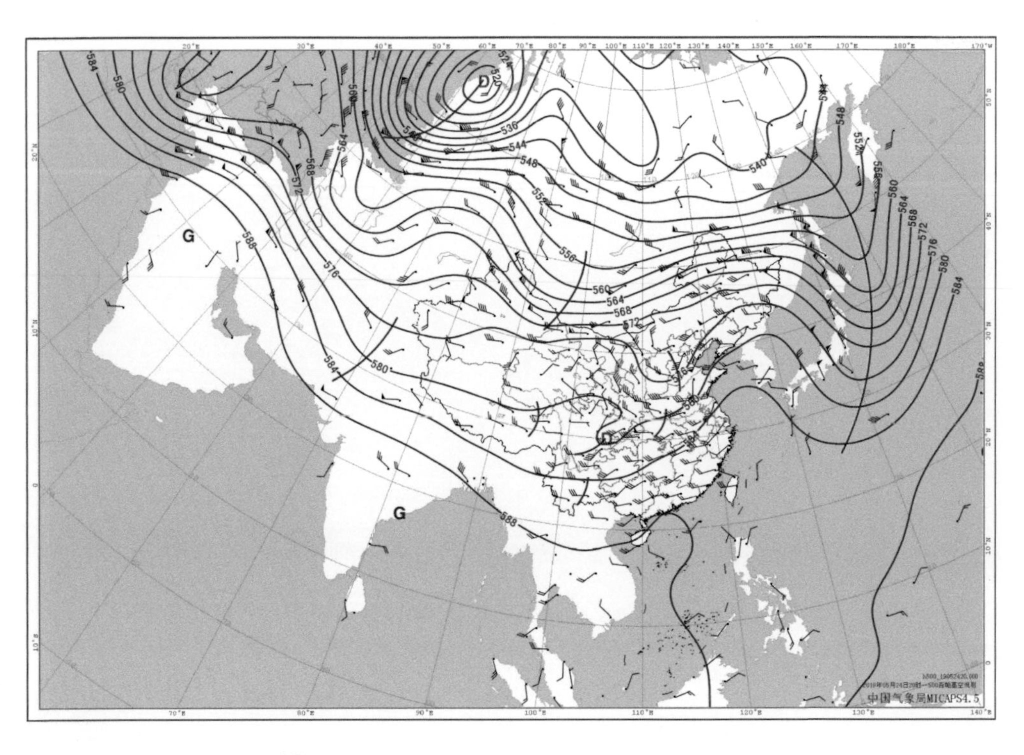

5.11.4 2019 年 5 月 24 日 20 时地面天气图

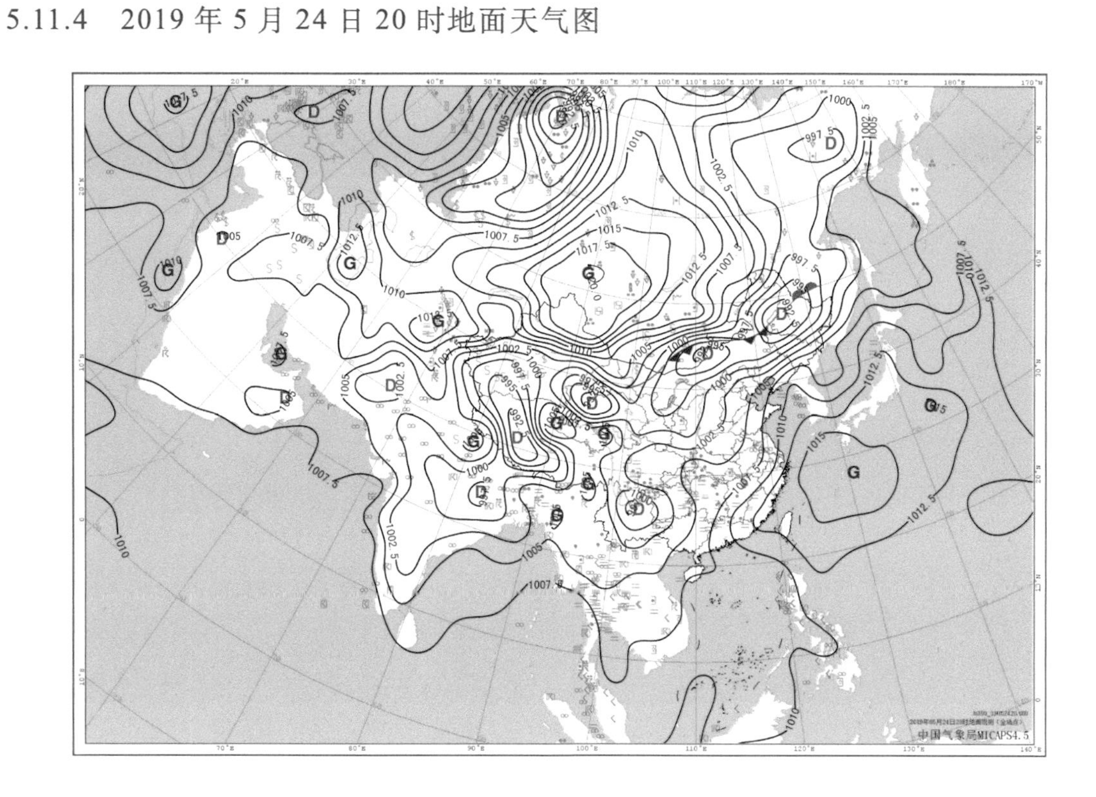

5.11.5 气象卫星监测图

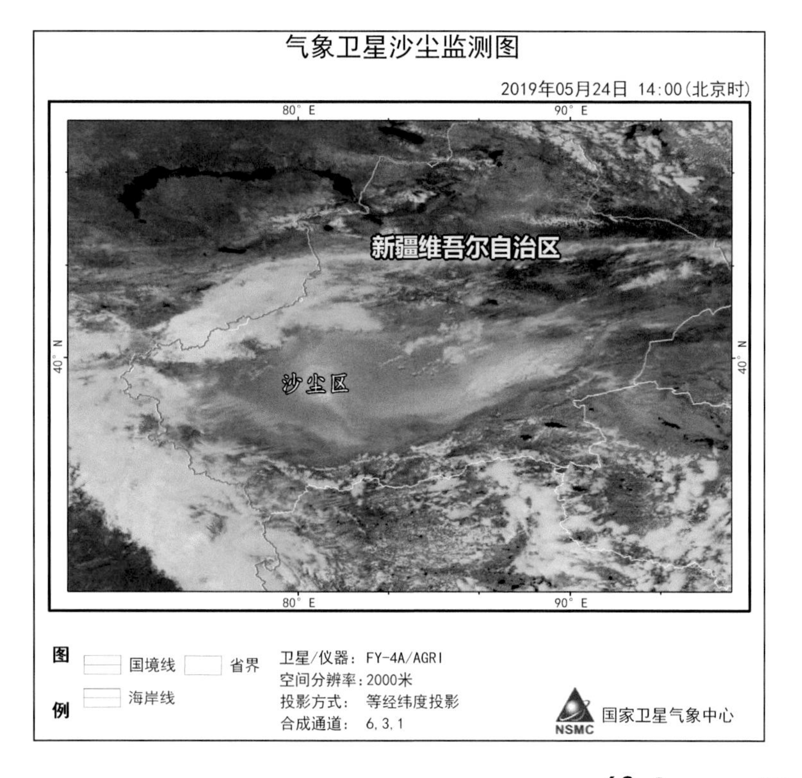

5.12 7月26—27日沙尘暴天气过程

5.12.1 沙尘天气过程描述

起止时间	7月26—27日
类　型	沙尘暴天气过程
最大风速(单位：m/s) 及出现站点	11 内蒙古：拐子湖、青海：茫崖
最小能见度(单位：km) 及出现站点	0.3 新疆：和田
沙尘路径	南疆盆地型
沙尘暴范围	新疆南疆盆地南部
强沙尘暴站点	/
影响系统	地面冷锋

5.12.2 沙尘天气范围图

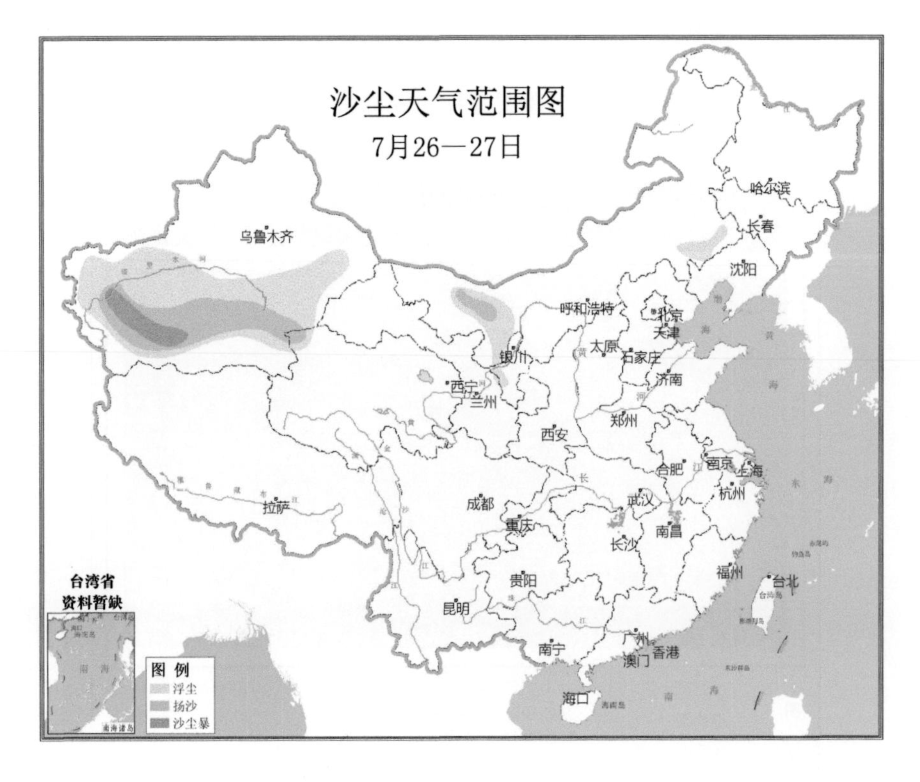

5.12.3 2019 年 7 月 26 日 20 时 500 hPa 环流形势图

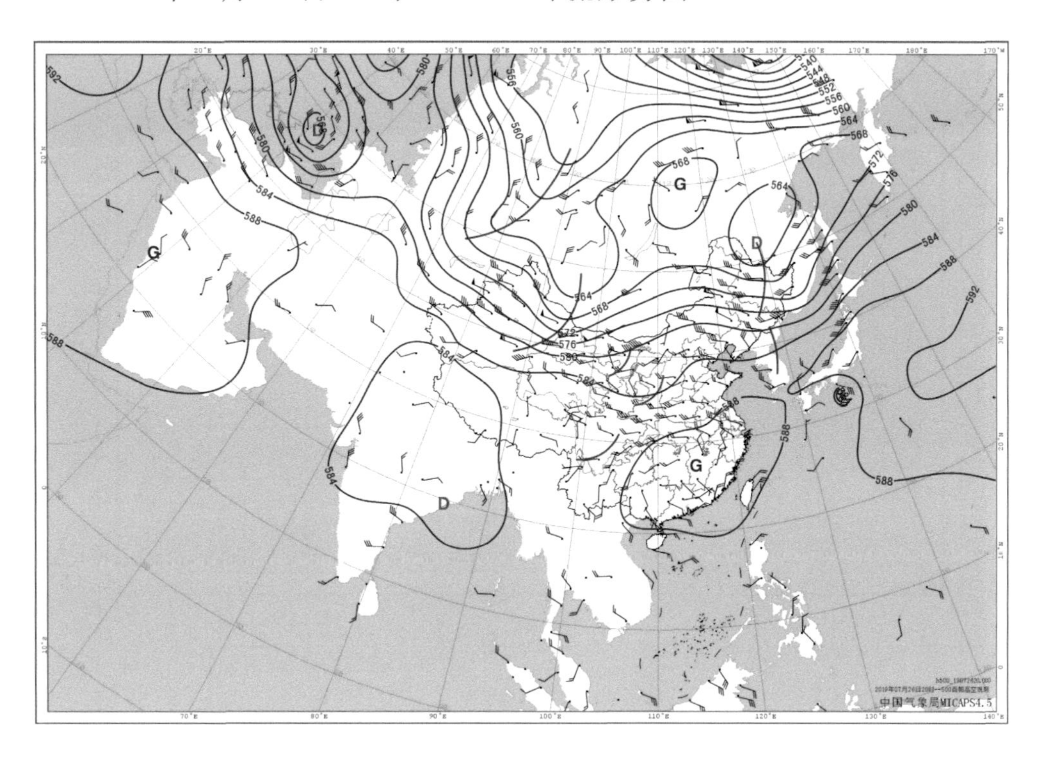

5.12.4 2019 年 7 月 26 日 20 时地面天气图

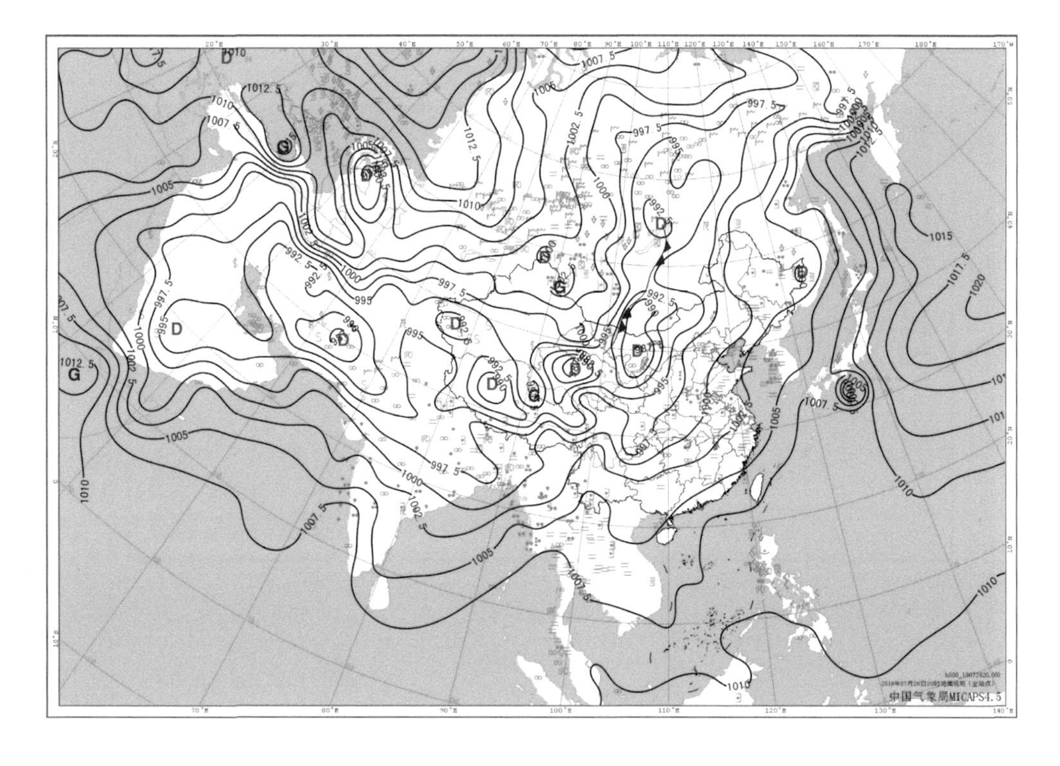

5.12.5 气象卫星监测图

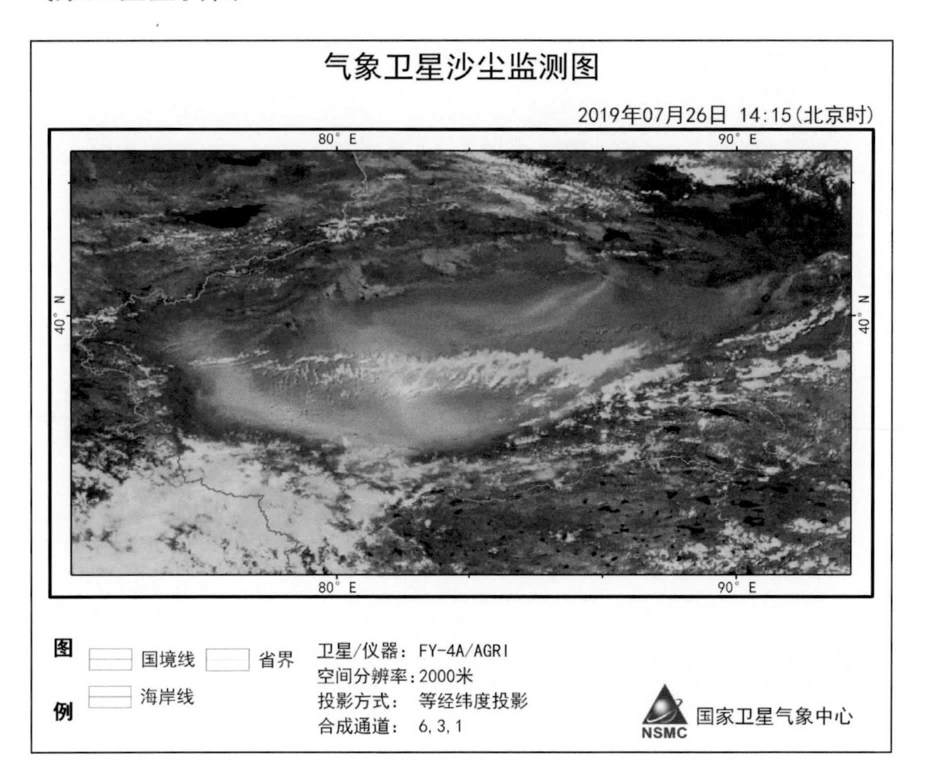

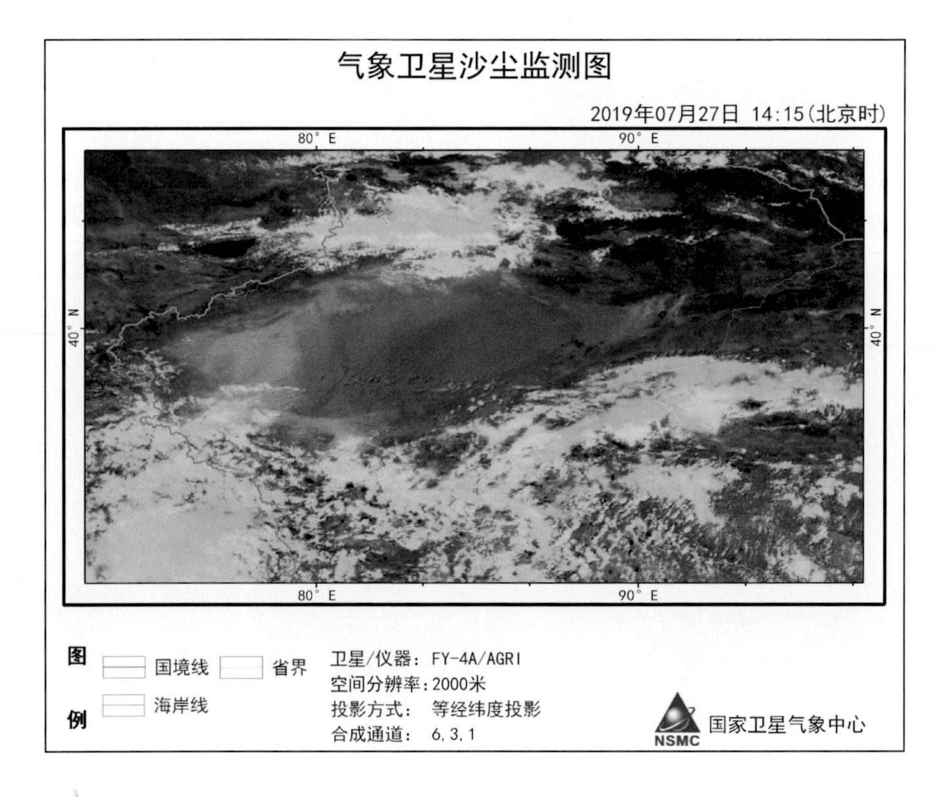

5.13 8月17—18日沙尘暴天气过程

5.13.1 沙尘天气过程描述

起止时间	8 月 17—18 日
类　型	沙尘暴天气过程
最大风速(单位：m/s) 及出现站点	12 新疆：阿克苏
最小能见度(单位：km) 及出现站点	0.2 新疆：且末、铁干里克、若羌
沙尘路径	南疆盆地型
沙尘暴范围	新疆南疆盆地东南部
强沙尘暴站点	新疆：铁干里克
影响系统	地面冷锋

5.13.2 沙尘天气范围图

5.13.3　2019 年 8 月 18 日 20 时 500 hPa 环流形势图

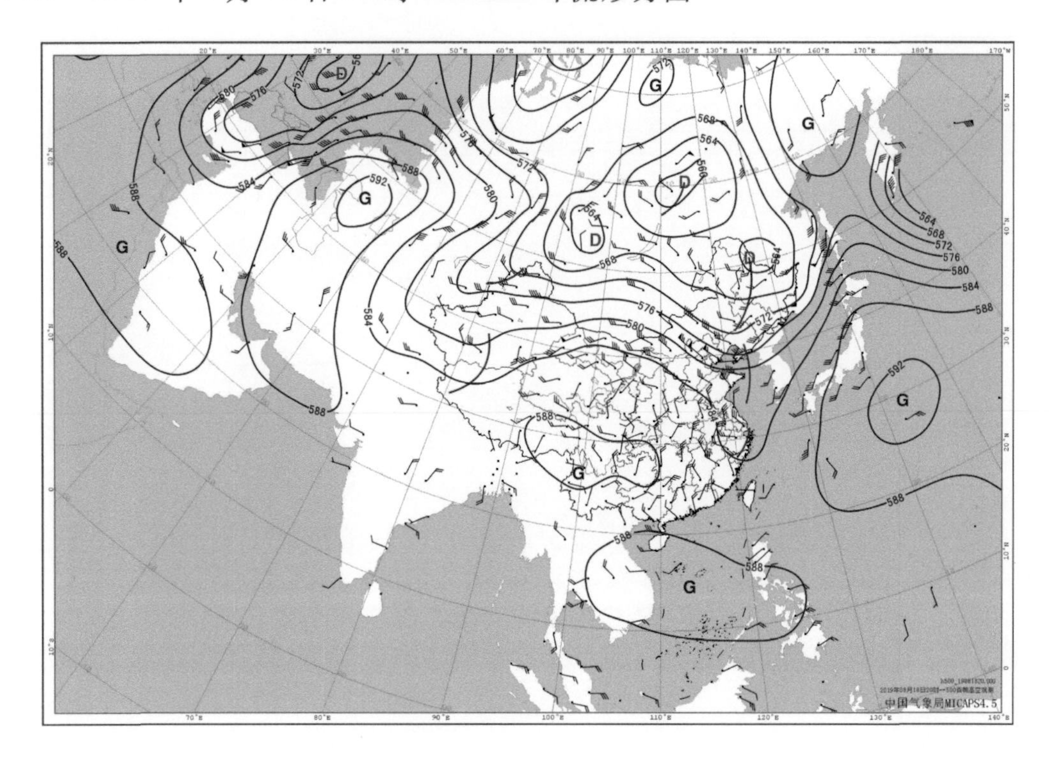

5.13.4　2019 年 8 月 18 日 20 时地面天气图

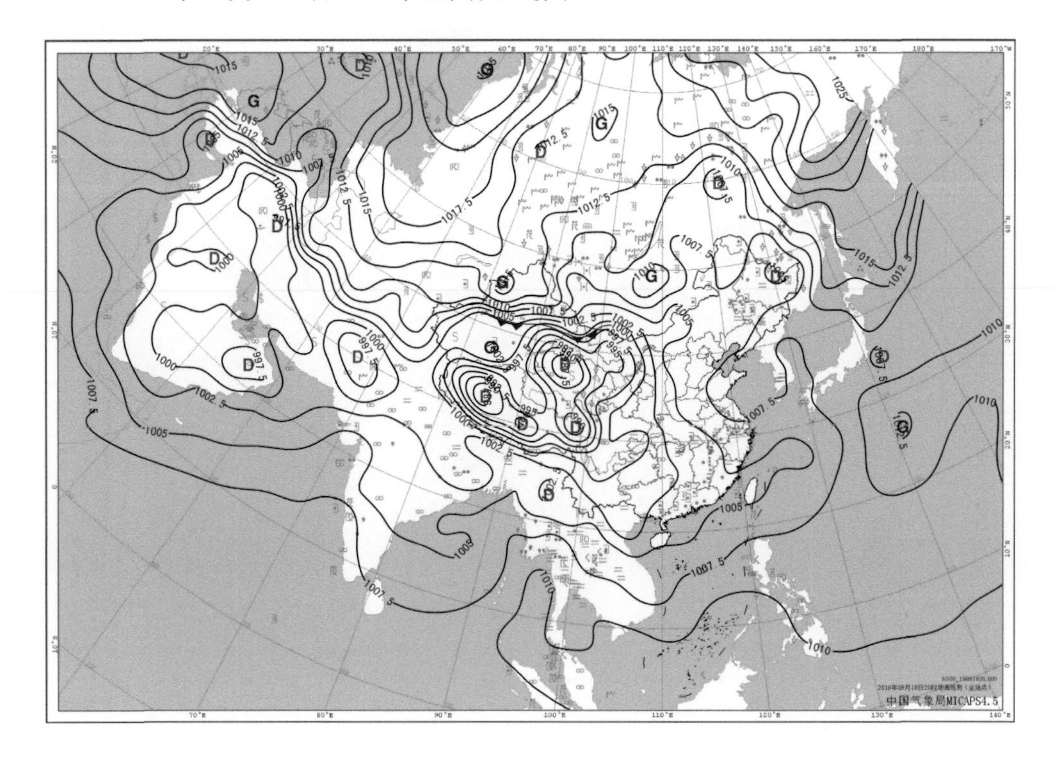

5.13.5 气象卫星监测图

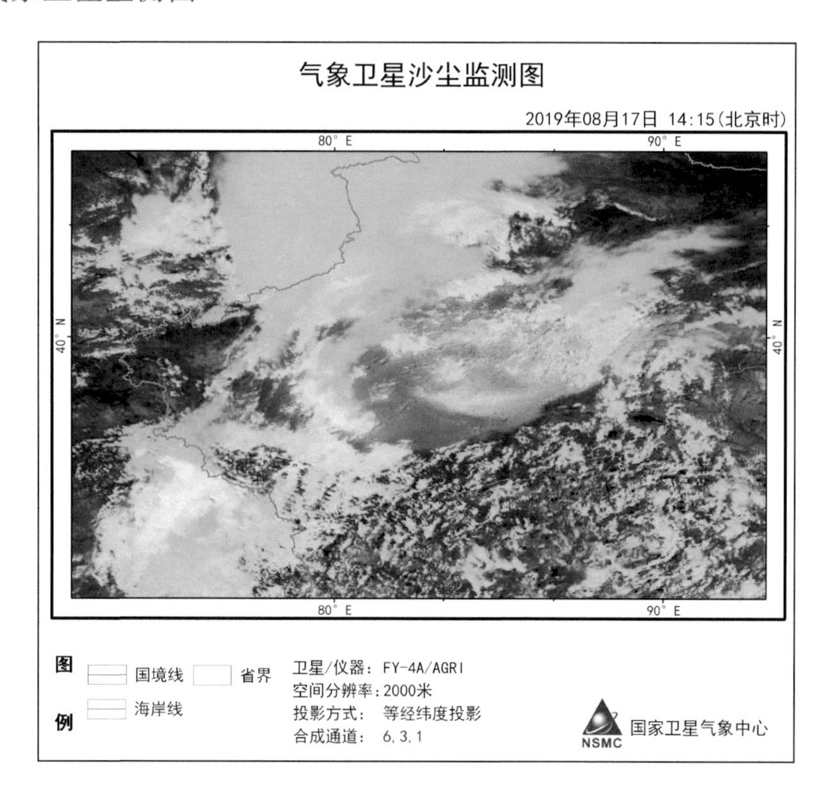

5.14 10月27—30日扬沙天气过程

5.14.1 沙尘天气过程描述

起止时间	10 月 27—30 日
类　型	扬沙天气过程
最大风速(单位：m/s) 及出现站点	15 内蒙古：拐子湖、朱日和；陕西：华山
最小能见度(单位：km) 及出现站点	0.6 内蒙古：拐子湖
沙尘路径	西北路径型
沙尘暴站点	/
强沙尘暴站点	/
影响系统	地面冷锋、蒙古气旋

5.14.2 沙尘天气范围图

5.14.3 2019 年 10 月 27 日 20 时 500 hPa 环流形势图

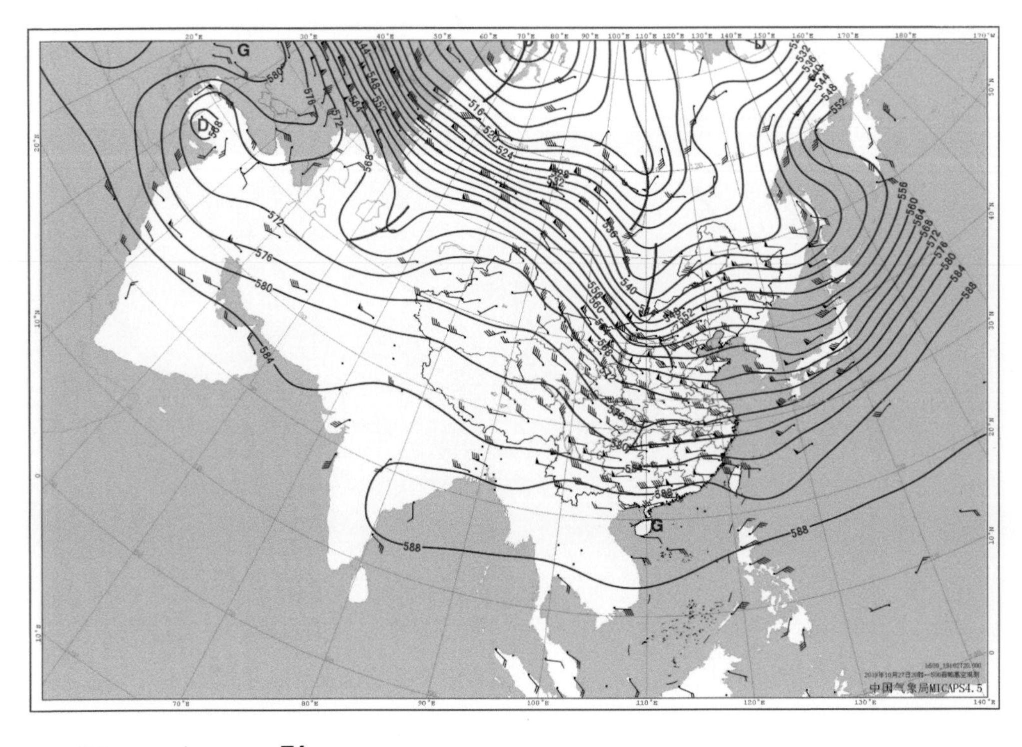

5.14.4 2019 年 10 月 27 日 20 时地面天气图

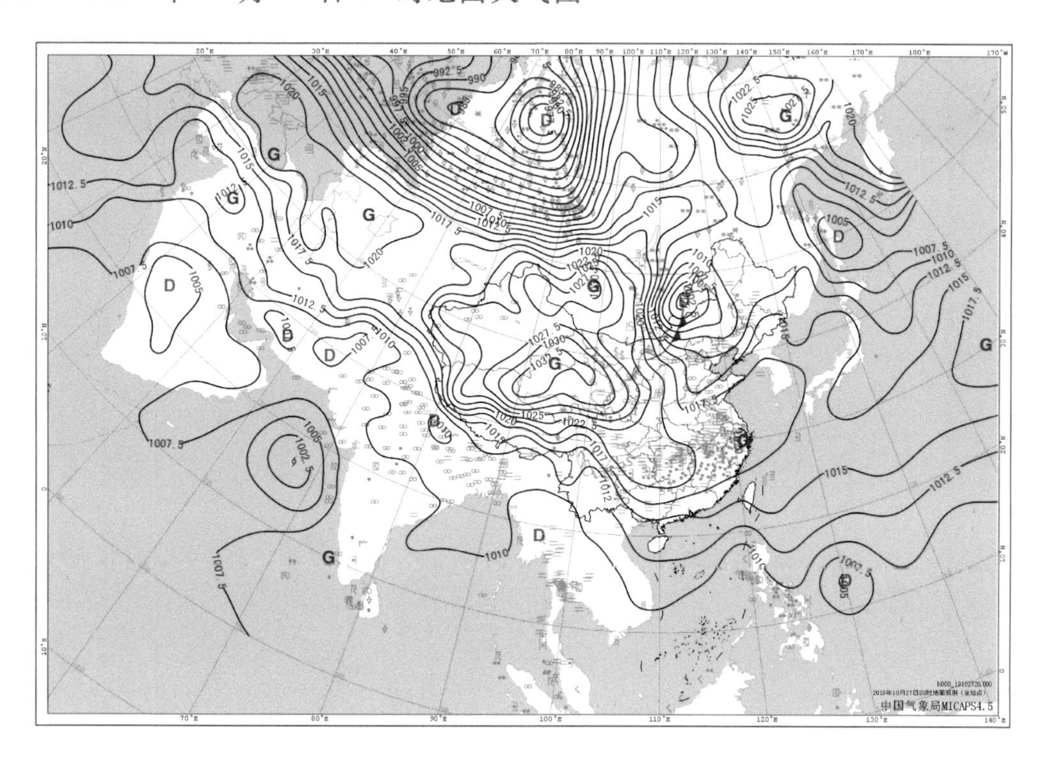

5.15 11月17—18日扬沙天气过程

5.15.1 沙尘天气过程描述

起止时间	11 月 17—18 日
类　型	扬沙天气过程
最大风速(单位：m/s) 及出现站点	18 内蒙古：阿巴嘎旗
最小能见度(单位：km) 及出现站点	1.2 新疆：阿克苏
沙尘路径	西北路径型
沙尘暴站点	/
强沙尘暴站点	/
影响系统	地面冷锋、蒙古气旋

5.15.2 沙尘天气范围图

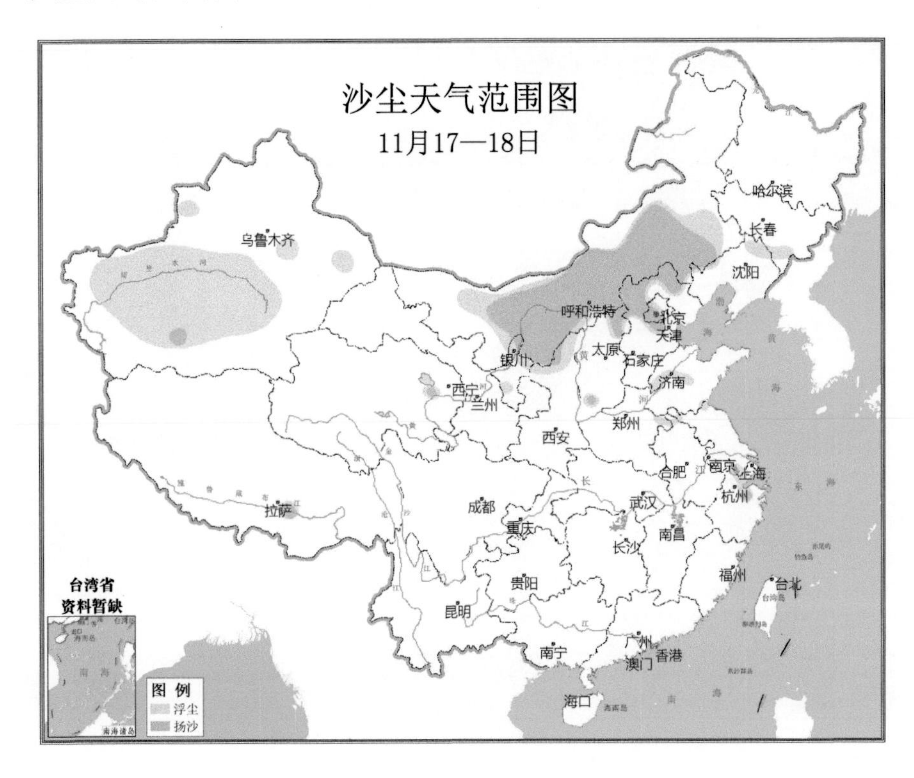

5.15.3 2019年11月17日08时500 hPa环流形势图

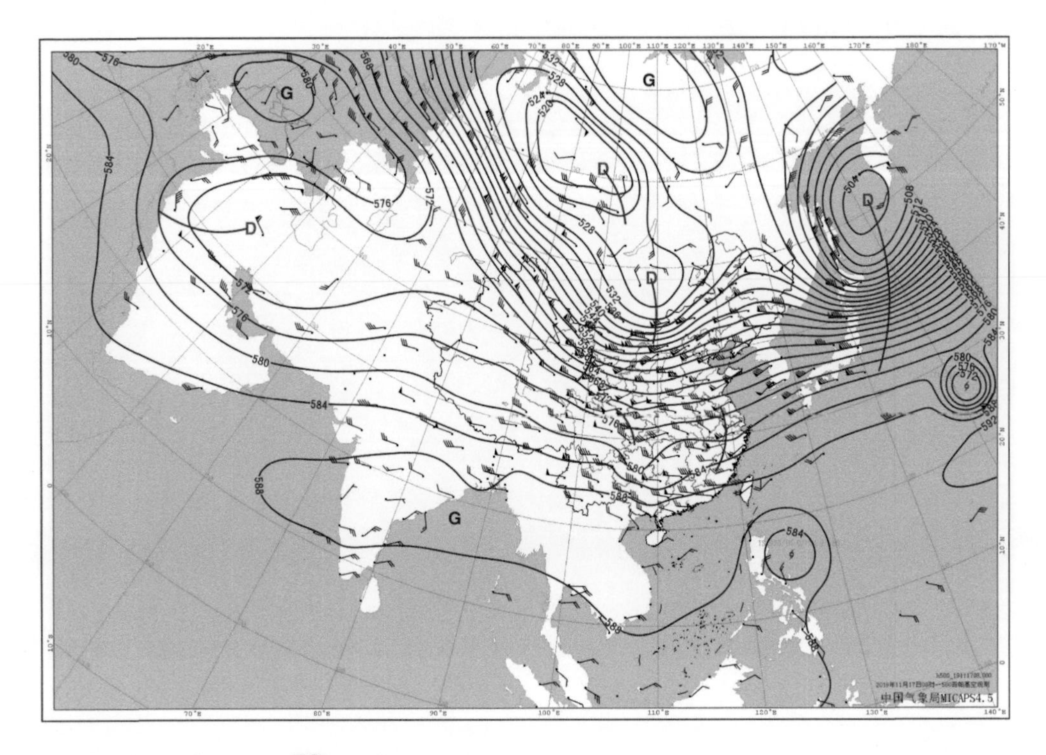

5.15.4　2019 年 11 月 17 日 08 时地面天气图

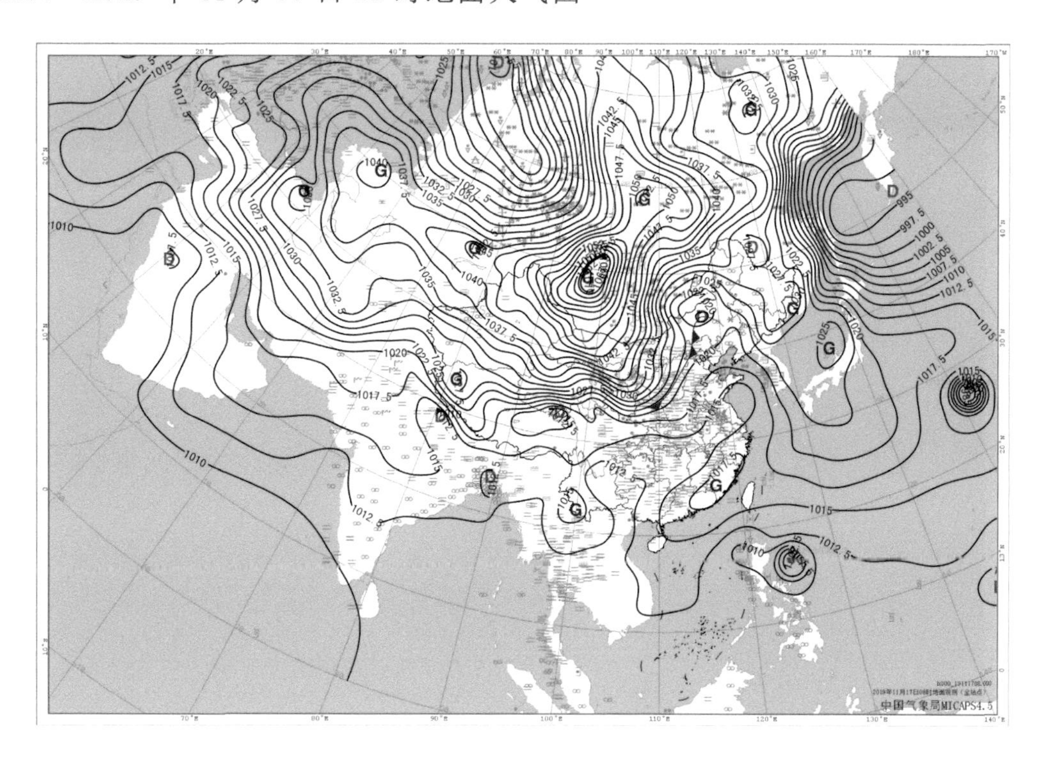